設計師不傳的
私房秘技

漂亮家居編輯部 著

客廳設計 500

暢銷改版

INDEX 設計師名單

AYA Living group
建築＋室內設計＋傢具
☎ 台北02-8771-3555・
　　高雄07-335-0775
Z軸空間設計
☎ 04-2473-0606
101空間設計
☎ 02-3501-9100
十一日晴設計
☎ 0963-328-377
石坊空間設計研究
☎ 02-2528-8468
相即設計
☎ 02-2725-1701
明樓室內裝修設計有限公司
☎ 02-8770-5667
法蘭德室內設計
☎ 0800-001-018
懷特室內設計
☎ 02-2749-1755
橙白室內設計
☎ 02-2871-6019
馥閣設計
☎ 02-2325-5019
金湛空間設計
☎ 03-338-1735
浩室空間設計
☎ 03-367-9527
近境制作
☎ 02-2703-1222

DINGRUI 鼎睿設計
☎ 03-427-2112
尚藝室內設計有限公司
☎ 02-2567-7757
尚展空間設計
☎ 0800-369-689
無有設計
☎ 02-2756-6156
奇逸空間設計
☎ 02-2752-8522
諾禾空間設計有限公司
☎ 02-2528-3865
甘納空間設計
☎ 02-2775-2737
地所設計有限公司
☎ 02-2703-9955
水相設計
☎ 02-2700-5007
實適空間設計
☎ 0958-142-839
CONCEPT北歐建築
☎ 0800-070-068
德力設計
☎ 02-2362-6200
權釋設計
☎ 02-2706-5589
摩登雅舍室內裝修設計
☎ 02-2234-7886
大雄設計
☎ 02-8502-0155

和薪空間設計
☎ 04-2301-1755
國境設計
☎ 02-8521-2157
犬良設計
☎ 02-3765-2918
台北基礎設計中心
☎ 02-2325-2316
天境設計
☎ 04-2382-1758
白金里居室內設計公司
☎ 02-8509-1095
演拓空間室內設計
☎ 02-2766-2589
明代室內裝修設計有限公司
☎ 02-2578-8730
森境／王俊宏室內裝修
設計工程有限公司
☎ 02-2391-6888
藝念集私空間概念設計
☎ 02-8787-2906
六相設計
☎ 02-2325-9095
蟲點子創意設計
☎ 02-8935-2755
方禾設計
☎ 02-2775-5562
禾築國際設計
☎ 02-2731-6671

陶璽空間設計
☎ 02-2511-7200
極星空間美學設計
☎ 04-3507-9252
潘子皓設計
☎ 02-2625-1379
邑舍設紀
☎ 02-2925-7919
耀昀創意設計
☎ 02-2304-2126
亞維空間設計坊
☎ 03-360-5926
賀澤室內設計
☎ 03-668-1222
境觀空間
☎ 02-2748-2958
水彼空間製作所
☎ 02-8626-8501
頑渼空間設計
☎ 04-2296-4800
伏見室內設計
☎ 03-341-3100
達譽設計
☎ 03-526-0682
伊太空間設計
☎ 02-2761-0985
築青設計
☎ 04-2251-0303
彗星設計
☎ 0920-298-218

CONTENTS 目錄

Chapter

1

材質演繹

客廳在居家中扮演社交場所的重要角色，溫馨愉快的居家氛圍、讓人感到舒適放鬆，是這個空間的裝飾原則。透過材質的交互堆砌、色彩的層層輝映，營造出只屬於家的溫度。

001／黑鐵與木的雙重奏

在屋高限制下若要做出造型天花，不妨考慮木與鐵的異材質搭配，不僅可以營造出個人風格，亦可擴大空間感，譬如以黑鐵與碳化南方松做出的現代Loft風格柵天花，便是利用材質差異打造現代簡約居家風。圖片提供©邑舍設紀

002／木的伸縮自如，表現細膩

打破牆面的刻板印象，利用木材的靈活延展度做出格柵式的變化，增添了空間的趣味性之餘，運用充滿溫度的木質，巧妙展現出生活的細膩表情，讓牆體也成為空間的主角，凝煉出溫潤的層次感。圖片提供©禾築國際設計

003／石的繁複紋路醞造多元風格

石材具有細微或明顯的紋路脈絡，質地堅硬耐用，相當適合做為客廳的牆體。使用石材作為電視牆鋪設的優點在於色彩配置，從冷色系的灰或白色，乃至於暖色系色調皆有之，可提供屋主多元選擇。圖片提供©賀澤室內裝修設計

004／水泥地板營造現代工業風

在現代風或工業風的空間，水泥標準的灰色色調可以強化冷調氛圍，其質感更有一分沈靜與現代感；待在由水泥建構起來的空間內，整個人不由得放慢腳步，慢慢呼吸冰冷的空氣，享受室內的靜謐與美好。圖片提供©藝念集私空間概念設計工程

005／風格化壁紙醞釀柔和之美

當具有柔和質感的壁紙置入牆面時，不僅中和了空間的溫度，加上大面積的開窗設計，並運用兩種沙發的咖啡皮面與條紋布面，以及地毯的調性，表現一個空間豐富層次與肌理。圖片提供©陶璽空間設計

006／文化石的多重演繹

文化石分為天然文化石與人造文化石，大多運用在客廳背牆、電視主牆或玄關等區域，作為妝點空間的巧思之一，不僅兼具耐用與美觀，運用在北歐風或鄉村風的空間更具有畫龍點睛的效果。圖片提供©浩室設計

007

材質

屋高較低的狀況下，沿樑設計木質黑框線板，在全白的空間中更顯對比，讓低矮的樑轉化成空間亮點。

008

材質

空間牆面以白色為主中，為了突顯電視主牆，石材選用也是以小彫刻白&藍木紋的樣式，讓色調趨於一致性。

007／ㄇ字黑框刻畫俐落線條

老屋經過格局修正將電視牆轉向，以半高牆面的設計安置於玄關處，不僅區隔入口與客廳，更打造通透延伸的視野；同時考量到樑柱橫亙，在客廳作出一道ㄇ字黑框，形成俐落的線條框架。圖片提供©摩登雅舍室內設計

008／自然舒適中蘊涵豐富表情

客廳揉合橡木仿古木地板、小彫刻白&藍木紋石材等元素，相異的材質展現空間異材質的混合美感；無論是石材、木地材那細膩的勾縫、交接等收邊處理，讓材料間緊密交疊，產生深刻的美感與豐富表情。圖片提供©DINGRUI 鼎睿設計

009／**材質肌理展現空間溫度**

沙發背牆選用洞石，輔以鐵件收邊襯托質感，電視牆面則以繃布搭配下半段的米色調鏽石，立織面的加工處理，將石材紋理突顯出來，凹凸的立體效果彷彿天然岩壁般，讓空間與自然連結，以一種裝飾藝術化的方式完整體現。圖片提供◎水相設計

色彩 此塊洞石底色接近淺米白，並呈現水平向的紋理，再透過加工形成霧面質地，與前方的繃布白色更為呼應。

009

色彩 在中性灰階色系之下，加上色彩明亮的地毯、抱枕，充滿生活休閒感。

材質 石材間留2×2公分溝縫埋入鐵件，不但增加細緻度，也讓每一片石材更為立體，宛如四幅長形畫作般。

010／灰階板岩磚貼出文化石效果

因應屋主一家偏好簡單的設計，設計師以明淨舒適的北歐風為基調，全室大地色系為主軸，沙發背牆選用深中淺的灰階板岩磚貼飾，呈現出如文化石般的自然樸實之感，然而平滑觸感又相對比文化石來得更好清潔，質感亦精緻許多。圖片提供©CONCEPT北歐建築

011／大理石牆分割貫穿塑造視覺端景

獨棟別墅原有樓板高度不到2米6，令人感到非常壓迫，透過4m×4m的樓板開口，創造出垂直延伸的視覺感受，不但能使空間更為開闊，也連接兩樓層的關聯性。上下樓層之間則特意選用大理石材主牆作為連接延伸，形塑簡單精緻的垂直立面。圖片提供©水相設計

012

材質 大理石牆體結構必須將骨架鎖至天花板，才能確保石材與鐵件的承重是安全無疑的。

材質 鋪設材質除了留意溝縫、收邊等處理之外，也在頂端加入投射燈，藉由光帶洗牆方式，映襯出材質色澤之美。

012／簡單俐落石材牆面整合機能

有鑒於沙發背牆刷飾大地色系主題色彩，客廳前端為開放設計的多功能起居室，便運用具自然紋理的雪白銀狐大理石電視牆分隔場域，簡單俐落的垂直立面設計，展現精緻度，更釋放空間的遼闊感。圖片提供◎甘納空間設計

013／材質定調創造寧靜不造作的空間

空間設計以白、冷冽的灰、溫潤的木質為色調主軸，牆面白色塗料、木地板外，最讓人印象深刻的是垂直結合平行與深灰、淺灰交織的牆面，仿石材磚鋪陳出空間最多彩的表情，營造出自然寧靜不造作的空間。圖片提供◎DINGRUI 鼎睿設計

013

014

015

014+015／開放空間以透光雪花石聚焦

開放式客廳與書房中間以雪花石電視牆稍做阻隔，經過精細的測量，透光雪花石從天花柱體由上而降，鏤空設計並未與地面相接，演繹石材既穩重又輕巧的一面，而液晶電視固定於鐵件之上，並作為石材的外框，展示時尚設計。

圖片提供◎演拓設計

材質 透光雪花石溫潤奶茶色與木地板，以及同色系的沙發達到視覺融合的效果，並用跳色抱枕與黑色單椅達到畫龍點睛的效果。

工法 石材透過切割創造出厚度、寬度不同的樣式，不同的款式砌出牆面，藉由尺寸製造對比美感。

工法 為避免灰色調過於冷冽，右方中島特別選用藍色，調和空間溫度，而粗糙面也僅於天花呈現。

材質 磐多魔具有無接縫、好清理的特性亦十分適合有毛小孩的家庭使用。

016／石材交疊出歲月痕跡的價值

結合多元機能的公共空間，運用石材交疊方式砌成空間中的牆面，多面環繞，再搭配素樸的木地板對比出自然美感，石材歷經歲月的洗禮，肌理、痕跡都有所不同，也替空間帶出所謂的時間美感。圖片提供©DINGRUI 鼎睿設計

017／水泥天花保留原生特質

天花板的鋼骨結構粗獷得很有味道，於是決定讓水泥天花做為整體設計的開端，延伸灰色調至牆面或其它材質的處理，也因此塑造水泥粉光牆面與白色立面相連，且揉合粗獷與溫潤，建構溫暖新穎的面貌。圖片提供©甘納空間設計

018／梧桐木天花板注入自然氣息

回應北歐風格所訴求的簡約低調，整體空間色調非常單純，電視主牆大面的烤漆白，具有反射提高明亮的作用，地坪選用磐多魔，粗獷質感反而能突顯傢具的精緻，天花板選用凹凸木紋鮮明的梧桐木打造，具有平衡灰白色調的作用。圖片提供©CONCEPT北歐建築

019／天然板岩與水泥粉光的另類相遇

簡單、俐落的客廳空間，地坪以天然板岩、天花保留水泥粉光等材
質共同打造而成，彼此獨有的溝縫處理，好似材質在相互呼應著，
也藉由取自天然的材質，為環境再增添一股自然的氣息，坐在此，
身心的疲憊能被放鬆下來。圖片提供©DINGRUI 鼎睿設計

020／水泥板牆面完美隱藏臥房入口

客廳牆面往後退，公共廳區變得更為方正寬敞，無可避免的私領域
動線，透過一致性的水泥板牆面巧妙修飾，不規則的溝縫線條消弭
了門片的存在性，同時在直線的開放動線之下，坐在客廳視線貫穿
至餐廚、休憩室，視野變得更好。圖片提供©CONCEPT北歐建築

021／善用傢具色調鋪陳復古味

因應屋主對於老件傢具的喜愛，設計師在空間硬體的規劃上格外用心，特別保留老屋原有的實木地板，重新予以打磨、染色處理，搭配深淺灰階的空間層次，帶出質樸韻味，電視牆也選用仿舊斑駁肌理的磁磚鋪飾，獨具復古味道。圖片提供◎地所設計

色彩 以帶有簡約溫暖氛圍的灰階色調為主，並給予居住者安定的感受，也成為映襯空間的最佳背景。

021

022

材質 由於大理石材質的紋理、花色都不相同，要創造出具特色的主牆，拼貼時對花有特別留意。

023

材質 相較玄關立面的水泥板材，客廳主牆則是大量留白設計，讓光線引入室內帶來乾淨的清透感。

022／石材紋理交織出獨具的潑墨山水畫

客廳裡的電視牆，為了能成為空間的視覺焦點，設計者以潑墨山水大理石材質來做鋪陳，其獨特的色澤加上紋理，好似中國潑墨山水畫般，生動又具張力。圖片提供 ©DINGRUI 鼎睿設計

023／仿水泥面材，簡約樸實

以黑、白、灰色調為主的北歐風，地板則刻意選用強烈木紋肌理，給予輕重分別的視覺感。玄關鞋櫃利用仿水泥的系統板材，表現自然樸質，同時更以蒙德里安的畫作為聯想，玄關櫃體、天花板以垂直與水平的穿插交錯，讓立面產生圖騰般的效果。圖片提供©CONCEPT北歐建築

材質 左側木條造型立面，實則為收納櫃體，讓空間有材質的變化卻不顯繁複。

功能 長年旅居國外的屋主，期望在客廳能有更多的方式與人互動，便決定拿掉電視，採以face to face的型態營造生活。

024／交錯拼貼石材展現大器尺度

對於新家，屋主希望整體調性是沉穩的，且不要過於奢華，因此公共廳區選用大理石材為立面設計，有別於傳統石材為V字拼花或是對花，設計師將石材打橫並採用交錯拼貼方式，遠看毫無接縫，展現石材的完整與大器質感。圖片提供©地所設計

025／大片留白突顯開闊感

客廳原先只有兩扇小窗作為採光途徑，設計師利用此特點，將中間部分打通，配合坐東朝西的格局，這樣的巧思，不僅能於室內或戶外露台欣賞室外的自然綠意，也為客廳帶來絕佳的採光亮度。圖片提供©奇逸空間設計

色彩 沙發及窗簾以灰麻為主。相同材質上以多層次的色系，營造出立體的空間感。

材質 全場域以輕薄鐵板規劃，僅有9mm的黑色鐵板，不僅減弱視覺重量，同時也帶來不同的質感與衝突美學。

026／木色與鏡面，組搭輕盈層次感

客廳運用大面積進口木地板，與電視牆面的風化木實木皮作對比，形成深淺的自然木色對比。與書房隔間牆材質為強化玻璃，色彩則是灰鏡與灰玻組構方式，例如針對容易放置雜物的桌下空間，則以不穿透的灰鏡為主。圖片提供©明樓設計

027／輕盈量體的平穩挑高感

長年定居國外的屋主，希望位於頂樓的空間以休閒的氛圍主導，於是設計師以長形空間為出發點，量身打造挑高屋樑與旁邊的鏤空採光，將最挑高的空間留給客廳，期望能有更舒適無壓的環境，作為家人互動的場所。圖片提供©奇逸空間設計

028

工法 石材壁面通常使用濕式施工，以3～6公分夾板打底，黏著時較為牢靠，增加穩定度。

029

色彩 選擇了深色的柚木與黑色的板岩磚來為空間增添沉穩氛圍，呼應地板的深色木質感，使空間散發讓人沉靜的安心氣息。

材質 天然的大理石材，每一塊都有自身特色，因此設計者藉由不同石塊的組合，呈現出色澤層次。

028／雲彩拼花主牆塑造簡鍊大器

客廳主牆運用屋主鍾愛的石材做為表現，灰色的雲彩拼花帶出空間的氣勢，設計上依循大面積使用中性色調，小面積則搭配黑色、銀色，重色系展現於軟件、活動傢具的搭配佈置，呈現出符合台灣人喜愛的現代混搭北歐風格。圖片提供◎CONCEPT北歐建築

029／異材質巧妙拼接自然氛圍

電視牆是客廳的主牆之一，在裝飾牆面時，特別選用柚木以及板岩磚兩種不同材質來營造氛圍，溫潤的柚木觸感與粗獷的板岩磚形成濃烈對比感，為客廳帶來沉穩且自然的野放氣息，視覺上也呈現另類衝擊美感。圖片提供◎尚展設計

030／用石材表現空間的簡單美

利用材質本身的特色去彰顯空間的質感，是讓空間百看不厭的作法，一方面利用石材做鋪陳，以其本身的色澤、肌理引出對比的味道之外，同時還藉由切割方式，表露層次語彙，讓簡單低調的空間煥發美感。圖片提供◎DINGRUI鼎睿設計

030

031

032

色彩

明亮活潑的木色調支配整體空間的氛圍營造，搭配上黑色視聽傢具，轉化出充滿休閒卻不失穩重與美式質感。

工法

薄片石材可用一般木作貼皮方式施工，裁切上使用木作鋸檯裁切。施工前確認待施作位置及丈量尺寸。

031／營造壁爐氛圍的木感轉化

帶入美式氛圍的電視牆設計，以壁爐作為軸心概念，特別訂製木質地打造休閒態度，融合音響嵌入壁面，將傢具設備與牆面設計連成一線的視覺感受，不突兀也無違和，反而將空間氛圍呈現一種和諧且舒適的宜人感受。圖片提供©尚展設計

032／薄片石材主牆展現自然粗獷感

這間住宅屬於新成屋，在格局不動的情況下，客廳對面就是臥房入口，因此設計師特別規劃對稱式立面設計，淡化房門的存在感，而中間電視主牆則選用薄片石材，藉由材質的肌理特色，呈現自然粗獷的調性。圖片提供©CONCEPT北歐建築

033／多彩背板發想自海洋、山稜

客廳以各式木皮色塊組構成原木獨有的樸實活潑感，地坪、傢具、門片、牆面皆有著不同的木紋、刷痕與顏色，一點一滴堆疊出專屬的空間質感。從自然環境為發想，保留木皮原有紋路及海洋印象色塊，讓海、山、植物…等印象深入住家空間。圖片提供◎明樓設計

功能 背牆上的鋼刷橡木染白層板可供擺放屋主旅遊的戰利品，描繪居住者的生活軌跡。

033

034

工法　沙發背牆的水平燈槽特別採取內導角設計，讓燈光有折射的效果，呈現出來的光暈更漂亮。

035

材質　客廳後方為主臥房，衛浴隔間搭配玻璃磚，隱約的引光效果，產生朦朧美感。

034／抽象分割展現淡然的純粹

電視牆選用溫潤的萊姆石，運用材質純粹性質的抽象表現，加上新嘗試的分割手法，裁切出尺寸不一的塊狀做為鋪飾，展現牆面的水平氣勢，而對應的沙發牆體同樣為萊姆石，灰色調沉靜優雅，讓空間帶出一種寧靜的氛圍。圖片提供©水相設計

035／簡約協調的溫暖居家

空間以環繞整室的藕色為鋪陳，有著一樣的等高線，讓空間更為乾淨俐落，室內材質無須繁複，塗料與木質基調串聯各個角落，剩下的空白則交由屋主生活填滿。圖片提供©十一日晴設計

036

工法 牆面下嵌入的壁爐，設計師不只賦予空間完美的詩性結構，細部的巧思與色彩的平衡，更是帶來豐富的韻味。

036／純白主牆取得視覺上的平衡效果

以開放式手法整併客廳與書房，面對整面琳瑯滿目的書牆，客廳主牆則以簡約質樸的純白色來形塑，巧妙的對比也讓空間取得視覺上的平衡效果。巧妙之處在於白牆下方的壁爐，穩穩嵌入深色的石材底座，賦予整體空間平和穩重之感。圖片提供◎近境制作

037／異材質拼貼營造自然北歐調性

新成屋住宅的客廳區域正好面臨一支大樑，設計師於是運用木頭材質延伸轉折，既達到修飾隱藏大樑的作用，也帶出如小木般的溫馨氛圍，主牆則搭配灰色大理石材，以特殊的直紋圖騰拉高空間，更創造廳區的視覺焦點。圖片提供◎CONCEPT北歐建築

材質 客廳大面採光利用木百葉包覆，修飾鋁窗的線條，讓住宅更有國外獨棟House的感覺。

037

038

材質 半高的電視牆，具有穿透性，能為空間增添更多的情感流動與彈性，空心磚的材質搭配一旁的木材，表現禪風氣息。

039

工法 無論文化石、木地材形體屬於片狀，在拼貼時，設計師刻意讓文化石以水平呈現、木地板則是垂直平鋪，視覺也具層次性。

038／營造人文感的禪風空間

客廳後方連接著書房，天花板以木材延伸空間概念，將客廳與書房的界定糊化，不再生硬冰冷，也透過木材的種類選擇與施作工法，間隔銜接的手法，讓書房充滿了溫潤感受，同時也為空間注入些許的禪風意念。圖片提供©尚藝室內設計

039／相異質感演繹溫潤樸素

以大量的淺色作為主要基調，大面落地窗結合開放、通透的設計概念，讓空間視覺延伸開來，而窗廳材質，運用木地板、米色文化石來營造空間表情，溫潤柔和的色澤，加上材質本身具有的自然紋理，充分營造出自然、不著痕跡的素樸感。圖片提供©浩室空間設計

040

材質 石皮是將石頭磨成薄片，作成表面粗糙的壁面材料，能夠減輕原本石板所需重量、達到粗礫自然的裝飾效果。

041

工法 烤漆牆面內嵌機櫃，是利用後方房間臥榻空間，充分利用牆壁厚度、提高坪效。

材質 相異材質的混合運用，藉由材質質地的特色，一細緻一粗獷，相互激盪出衝突火花。

040／混搭石材、鏡面，詮釋專屬現代風

電視主牆整合大理石、鏡面、鐵件與石皮等多種素材，展現現代簡約的沉穩風度。以大面積灰色大理石為主景、粗獷石皮平衡重心，其間穿插鐵件與鏡面融入現代精緻元素，充分展現異材質組搭的完美工藝。圖片提供©金湛設計

041／拉長面寬，電視主牆暗藏入口

客廳電視牆以烤漆處理表面，並運用溝縫描繪不對稱線條，仔細觀察，其實看似完整的一整面牆，其實暗藏85公分的房間入口！設計師特別將房門納入主牆是為了用視覺延伸客廳空間，令廳區更顯寬闊。圖片提供©法蘭德設計

042／粗獷石材刻劃牆面的立體輪廓

客廳以電視主牆作為空間的視覺主角，牆體採用不加修飾的粗獷石材，搭配嵌牆鐵件層架，刻畫出整道牆面的立體輪廓，而在整體空間中，傢具、天花格柵、大理石地坪皆呈現灰黑調性，讓整體更趨於一致性。圖片提供©近境制作

042

043

044

043／灰、白拼貼演繹自在生活態度

從屋主鍾愛的 L 型名品沙發作發想，空間以白色作為主色調，藉由窗紗、立燈、鐵件烤漆等不同材質的白，營造微妙的空間層次。而電視主牆結合大理石、鋼琴烤漆、烤漆玻璃組構不規則圖案，隱約連結沙發與抱枕色調，表現潔淨、不制式的設計風格。圖片提供◎金湛設計

044／平滑磐多魔打造舒適退休宅

這是設計師與屋主合作的第二個案子，由於是為了退休後居住所作的準備，在風格上便融入男主人現階段的悠閒自在心境，簡單地選用原木點綴空間，省略多餘的裝飾與線條，賦予空間平和、自然的禪味風貌。圖片提供◎相即設計

045／以天花刻劃山型的起伏線條

設計師以遠山意象打造天花板的流線造型，讓空間充滿趣味動感，而這樣的設計不止侷限於裝飾造型，同時也蘊含著修飾上方樑柱的巧思，以木紋搭配側邊壁柱的石皮，營造穩重層次亦不沾枯燥乏味。圖片提供◎尚藝室內設計

材質 空間中以石與木相互交錯，彼此呼應生活質感與自然氣息，清新沉穩的色調讓人身處其中，感受無壓氛圍。

045

材質 鍍鈦金屬材質質地較為細緻，因此設計者有特別留意收處理，並加強細節，得以不破壞材質創造出的時尚味道。

色彩 由於空間較多處使用材質，加上整體又都偏屬咖啡色系，為了創造出變化，還是在地坪以深色為主，加強穩重感。

046／鍍鈦金屬包覆牆體增添科技時尚感

電視主牆與樑柱結構整合為一體，並採取雙面設計，好讓在界定客廳、餐廳的同時，也讓兩空間視覺娛樂獲得滿足。特別之處在於，牆體是以鍍鈦金屬來做包覆，俐落材質，替空間增添不少科技時尚感。圖片提供©近境制作

047／質樸木素材勾勒的線條美感

打破過往木素材的運用想象，在天花板、電視牆面運用木板做勾勒，加深空間線條，甚至帶出整體的立體度；在地坪部分則以木地板做鋪陳，整個柔和舒適的色澤，再搭配上空間的好採光，讓整個客廳環境更加有光感和自然氣氛。圖片提供©浩室空間設計

048

材質 玄武岩鋪陳了整面電視牆，以不同的色塊營造出深淺層次，為壁面帶來動感與生命力。

048／沉寂石感交錯的重疊美學

電視牆在客廳中佔有極為重要的地位，以灰色玄武岩搭配白色觀音山石來為客廳鋪陳沉寂意象，而粗獷狂野的玄武岩與光滑文靜的觀音山石相並置，不僅在質感上形成強烈對比，同時也界定了空間場域。圖片提供©尚藝室內設計

049／**灰色天花，令白樑顯得好輕盈**

專供家人小聚的小客廳，運用輕工業風作為設計主題，將浪板、仿清水模壁面、管線裸露等元素以點到為止的方式輕巧地展現出來，取其風韻而已，所以材質表面仍力求精緻、不粗糙，提升使用舒適度。圖片提供©金湛設計

色彩 天花搭配下方仿清水模壁面皆為淺灰色調，只保留漆白橫樑，彷彿讓樑頓時減去重量、顯得輕盈起來，壓迫感也隨之降低許多。

049

050

工法 將機能櫃內嵌於大理石電視牆左側，藉由事先的安排規劃，所有線路皆暗藏於牆後，保留客廳清爽面貌。

051

材質 木材色系為同一調性，石材則是深、淺結合的樣式，製造對比效果外，也帶出輕重感受。

050／大理石模擬簡約都會面貌

為了方便男主人在家辦公，特別以玻璃與格柵圈圍、在客廳後方規劃獨立書房，保障隱私之餘仍能與客廳家人互動。而客廳一側運用簡潔的大理石鋪貼電視主牆，營造現代俐落的都會風面貌。圖片提供◎法蘭德設計

051／材質做出環境與視覺上的分界

為突顯客廳挑高優勢，其另一面牆以淺灰色大理石材質為主，成為公領域中的視覺焦點。空間中除了使用木地板、鋼刷木皮之外，也搭配大理石地坪做出環境和視覺上的另一種分界效果。圖片提供◎近境制作

052

材質 壁面運用六種尺寸大小的萊姆石拼貼而成，採用不規則的亂拼手法，透露出不拘束的設計精神。

052／萊姆石拼貼透露海洋情懷

廳區地坪鋪貼大面積的木質地板，深具存在感的粗獷紋理與原木色調，在大面積的留白牆面上，選用天然萊姆石拼貼組構，讓石材的自然沉積貝殼、化石與天然色調，成為表情最豐富的低調配角。圖片提供◎相即設計

053／高雅品味的低調呈現

屋主對於影音設備相當講究，從國外選購頂級的影音器材為客廳增添深度與享受，於是設計師以板岩石英磚來規劃電視牆的角落，高雅又具備質感，但低調不張揚的氣勢又能駕馭整體空間，映襯出穩重格調。圖片提供◎尚藝室內設計

材質 選用灰色的拋光石英磚來為空間打底，沉穩和諧的氛圍，點綴些許帶有舒適的配色的藝術造型茶几，為客廳置入不同生命力。

054／精緻細節，背牆內嵌不鏽鋼邊條

客廳以白色沙發作為空間發想，背牆運用淺灰鋼烤錯落搭配木皮，營造隨興、清透氣息，低彩度的灰階色調讓沙發顯得更加潔白純淨，成為最佳陪襯背景。右側利用樑下空間規劃展示櫃，灰鏡打底、不鏽鋼包覆層板，展現現代俐落質感。圖片提供◎金湛設計

材質 背牆的橫向接縫處內嵌不鏽鋼收邊條，讓異材質的交接處平穩過渡，不鏽鋼材質更與右側層架相呼應，提升廳區的整體感。

054

055

056

工法

大理石主牆作拼花設計，隱約拼出兩個大「V」，組合起來即為屋主姓氏的首個字母，成為深具意義的家族徽記。

工法

電視牆上所鋪貼的石材薄板，則是由傳統的2.5公分厚度降為5mm，不僅省下縱深、還能保持原有石材表情。

055／雙V拼花組成家族徽記

由客人先選定的法式經典泡棉沙發作發想，讓客廳成為低檔度的空間設計，地坪鋪貼長板型實木貼皮海島型木地板，減少接縫、模擬真實木頭表情。粗獷的木節紋理與時尚沙發，加上天花有如摺紙一般的3D造型，揉合出隨興自在的全新生活品味。圖片提供◎金湛設計

056／降低主牆厚度，拉闊客廳尺度

兩片大面積的對外窗令屋主身處客廳便能享受絕佳的風光景致，當夜幕拉起時，放下透光不透影的百葉捲簾，則變身為隱蔽性高的私人休憩場所。由於室內空間不大，設計師以大面積的石材與木質組構成簡潔俐落的起居場域，更在踢腳板處設計黑色鏡面反射、放大空間感。圖片提供◎相即設計

057／**粗獷石皮主牆，帶來濃濃況味**

將表面粗糙的石皮鋪貼電視牆面，將天然岩石表面移植室內，搭配
右側榆木貼皮電器櫃，為客廳空間注入濃濃自然況味，與沙發的玻
璃背牆成為視覺對比，將精緻與粗獷兩種元素在同一空間達到完美
平衡。圖片提供©橙白設計

材質 電視牆石皮以不等分切割方式鋪貼，延伸材質本身自然、不制
式特性，營造隨興自在氣度。

057

材質 木材本身具有獨特紋理，可以看到設計師在拼貼時，是以有秩序的方式來做呈現，加重穩定度的同時，也降低凌亂感。

工法 以灰色噴漆牆面降低室內亮度，伴隨著大量天光投射室內，營造低調無壓的生活態度，描繪灰階色調的都會時尚。

058／木材的經緯肌理拉大空間尺度

空間僅21坪大，為了創造大舒爽與寬闊的感受，設計者特別使用淺色系的鋼刷木皮來做鋪陳，獨特的經緯肌理與色澤，瞬間將空間尺度拉大，也替環境增添不少溫潤感受。圖片提供◎近境制作

059／灰階色調的生活時尚風

住家客廳空間不大，利用壁面灰色噴漆延伸陽台，藉以拉大廳區空間，更以鐵件玻璃拉門區隔客廳與玄關陽台，令明亮天光能無礙照進室內，同時運用鐵件的細緻線條與玻璃的穿透特性，塑造即使拉門關上仍舊輕盈的視覺感。圖片提供◎橙白設計

060

060／豐富自然肌理帶來療癒與放鬆

經過格局的挪動，公共廳區開闊且方正，中島廚房與餐廳、客廳的連結，帶來了美好甜蜜的互動氛圍、光線氛圍，也一併將陽台景觀引入屋內，讓生活結合休閒，電視主牆搭配摺紙磚，如裝置藝術般的視覺饗宴，加上穩重的雞翅木地坪，多變豐富的自然肌理，創造空間的療癒效果。圖片提供◎德力設計

061／穿透鏤空電視牆的視覺高度

電視牆的後方正好是一個空曠的挑高空間，設計師不浪費這樣優秀的空間條件，以格柵鏤空的方式打造電視牆，透過隔柵的方式讓電視牆也能有穿透性，將視覺角度拉得更遠，就算在客廳也能與家人有情感互動。圖片提供◎尚藝室內設計

色彩 有機療癒的表現更在於顏色、材質，藉由彩度高、明度低，加了很深的棗紅色鋪陳公共廳區局部牆面，讓家予人寧靜安定的效果。

材質 格柵鏤空的材質以木材拼接而成，不同面向以不同的色澤呈現，延伸唯一橫列的等比間距，更帶有整齊的視覺效果。

061

067／迎自然入室，粗獷石皮主牆

住家運用粗獷石材與黑玻電視主牆點出空間主題，另外周遭搭配木質隔屏與大理石餐桌、點綴兩盞黃黑色調吊燈，為自然空間氛圍注入都會時尚感。客、餐廳的開放規劃，讓右側一整面落地窗展現絕佳的景致與採光優勢。圖片提供◎橙白設計

068／深色石材與線板圍塑美式古典風格

因應女屋主喜愛美式溫馨的空間調性，客廳牆面主要以淺色線板勾勒出立面造型，同時帶入壁爐元素作為風格強化，由於客廳的採光條件佳，在壁爐的材質上，設計師特別選用深色大理石材打造，帶出空間的層次性。圖片提供◎權釋設計

069／三色荷蘭磚避免擦傷危機

將原本美式鄉村風的住家風格，進一步以色彩為主軸，省略制式的元素與準則，規劃出更具生活感的空間調性。以純白色打底，文化石鋪貼電視牆面，搭配藍漆大門與綠色鞋櫃，點綴些許紅、黃等撞色傢飾小物，讓整個廳區鮮活靈動起來。圖片提供◎馥閣設計

色彩 電視櫃下方以三色荷蘭磚當腳，多彩與細膩表面是選擇主因，避免小朋友輕易碰觸受傷。

069

色彩 空間色調納入屋主舊有音響設備為考量，也因此牆面為中性灰色調，而地板則選用與音響相似的木紋顏色，讓整體更為和諧。

材質 屋主玩專業音響，習慣將設備機器作外露式擺設，因此包括管線也採以金屬管作彎管排列設計，兼具實用與美觀。

070／純粹材質運用營造寧靜優雅氛圍

從事教職的夫妻倆，渴望回家後能放鬆心情，家裡是簡單且乾淨的，不要有過多線條語彙，於是電視牆面利用灰色噴漆處理，加入簡單的分割線條，帶出優雅又寧靜的感覺，甚至連設備機櫃也特別規劃於側邊，突顯出牆面的俐落。圖片提供©權釋設計

071／12米文化磚牆秀出大格局感

長達12米的長形空間原本因過多隔間牆而受阻斷，經改造後以文化石磚打造出仿歐美粗獷Loft風的長長大牆，並搭配軌道燈與鐵板折出間接照明的上照式洗牆效果，讓客廳展現出率性又具張力的視覺效果。圖片提供©AYA Living group

072

工法　當室內空間照明不足時，不妨利用壁面的燈飾來補足光線，同時營造舒適氛圍，為居家點亮宜人溫度。

072／裝飾性光源營造迷幻氛圍

設計師利用燈具與光影手法，打造一面充滿藝術與想法的特色牆面，以光影交錯的酷炫技法，呈現不同於一般照明燈飾的特效，同時也為採光不足的客廳區增添些許照明亮度。圖片提供©諾禾設計

073／石皮結合溫潤木皮創造雙重表情

客廳電視牆體以粗獷石皮搭配溫潤木皮共同呈現，在霧面與鑿面的揉合下，完美展現出粗獷、細膩的雙重表情，並於一旁配置木百葉，引進戶外的溫柔光影，又再度形成靜謐和諧的氛圍。圖片提供©近境制作

材質　不同材質交錯運用霧面與鑿面的表現工法，藉由切割與處理技術，創造層次變化。

073

074

材質 水泥原色天花板與沙發背牆上白色美耐板營造出來的單純線條感，讓空間的焦點被拉回人與質樸敦實的傢具互動上。

075

材質 電視主牆採用超耐磨與不顯髒的二種材質做拼貼，搭配間接光源的映照，展現實用又有質感的畫面。

074／灰階中不失溫度的紓壓天地

這是一棟已30年的老公寓，為改善採光，決意將遮住後陽台採光的小房間與一字型廚房隔間拆除，呈顯出開放客、餐廳的通透、明亮格局，另外將木作天花板撤除、裸露出水泥粉光的天花板，不僅讓屋高拉升，也更顯質樸美。圖片提供©AYA Living group

075／耐髒、耐磨又美麗的TV主牆

巧妙地將地板同款超耐磨木地板爬上電視牆，搭配木工打底、特殊塗料漆成的水泥質感主牆則連結了天花板，讓整個客廳的材質元素極度簡化，形成簡約卻更有質感的生活場域，同時更有放大空間的效果。圖片提供©六相設計

076

076+077／會呼吸調濕的牆讓家更健康

為符合屋主對於健康居家與品味設計的期待，在沙發背牆上選擇以可調節室內濕度的呼吸磚，除讓室內環境更健康外，在花色與拼貼工法上特別選用立體造型款來呈現牆面質感，而天花板上的嵌燈則更能體現光影變化。圖片提供◎蟲點子創意設計

工法 臨窗處利用木料加設15公分矮座榻，一來增加客廳座位，同時因地板抬高也讓窗型有放大效果。

077

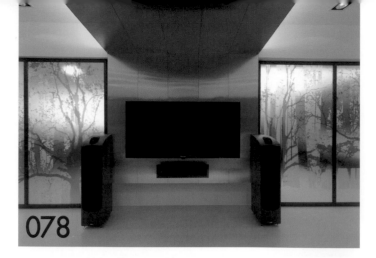

078／大面積玻璃拉門製造開闊感

當空間坪數有限，就得利用整合手法，將立面統整設計，以此案來
說，客廳對面就是健身房、音樂創作室，如果用一般分割牆面、門
片的方式，空間反而會被壓縮，所以設計師利用大片玻璃拉門為隔
間，並以完整的圖騰意象勾勒，空間就有開闊放大效果。圖片提供©
權釋國際設計

079／獨樹一格的溫暖美式鄉村

為了改善樓高較低的問題，特意不封天花板，爭取多出20公分的
屋高，並利用包覆樑線的手法來營造出粗獷的獨特鄉村風格，再加
上黃暖色調的水泥色襯出實木溫暖質感，展現如沐春風的舒適氛
圍。圖片提供©AYA Living group

080／無瑕白牆刻劃立體美感

想維持單純現代的客廳空間，但有不想空間表情太過單調，牆面是
很好的表現畫布。設計師透過不規則、但有定律的曲折線條讓白牆
有了深刻、立體的細膩美感；搭配天花板嵌燈與不固定擺設的畫作
更顯現出空間的自由度。圖片提供◎藝念集私空間概念設計工程

工法 格局上運用高低階的地板來界定客廳區，並藉由線性燈光來示
意範圍，同時也可兼作安全的小夜燈。

080

色彩 黃樑搭配文化石牆讓客、餐廳不用隔牆也能自然分野，同時整體色調上也相當和諧溫暖。

工法 由於此客廳為長形格局，設計上特別以拱型天花板作出延伸線條的設計，更能突顯出壯闊空間感。

081／低壓大樑轉化為吸睛焦點

為了化解開放客、餐廳之間橫亙的一根低壓大樑，設計師選擇主動出擊地以特殊的冷氣孔蓋板作包覆，纖細線條加上鮮黃色調相當吸睛外，也讓人好奇背後是否有機能裝置，裝飾出黃樑的合理性。圖片提供©六相設計

082／拱型天棚延伸出歐洲古堡風

為了滿足屋主喜歡的歐洲古典風格，在天花板上特別以拱型造型作設計，搭配歐式壁板的沙發主牆與大沙發的配置，創造出另類的歐風設計。此外在燈光上除了有洗牆的軌道燈外，並以圓筒燈取代主燈，特殊的寶石排列法更添華麗感。圖片提供©AYA Living group

工法 沙發背牆運用三種不同尺寸、不同厚度的線條圖案拼湊,呈現出立體的視覺感受。

083／**豐富素材展現白色的多元層次**

以現代摩登的飯店風為主軸,電視牆運用白色烤漆玻璃內鑲白鐵分割線,四邊以鍍鈦金屬框邊,全白的空間以不同素材呈現多元層次。天花樑體和沙發背牆刻意呈現多重的幾何線條,為空間描繪出俐落的科技感。圖片提供©國境設計

084／**水晶珠光映照出奢華質感**

所謂品味藏在細節中,混搭著奢華氣息的美式風格客廳中,先以舒適美式傢具做為基底,搭配新古典的九宮格天花線板,並在其間融入間接燈光、嵌燈與水晶燈珠等多層次的照明設計,營造出豐富光影的舒壓氛圍。圖片提供©藝念集私空間概念設計工程

工法 角落吧檯底座也以燈箱設計,搭配黑色玻璃材質的牆櫃倒影,更能映出晶亮奢美質感。

085

086

085+086／多重媒材混搭變化感

整體空間以一個主色搭配木皮圍塑出空間層次感，首先玄關處為了與室內空間做為區隔，使用石材滾邊、中間為菱形印度黑石材拼貼；客廳空間的電視牆以板岩、金屬烤漆做分割，顯示出媒材混搭的變化感，側邊的收納櫃隱藏了視聽設備的器材，讓電視牆呈現出整潔俐落的視覺意象。圖片提供◎天境設計

材質 在色彩的變化上使用了雙主色調作呼應，檸檬黃的座椅與海水藍的窗簾，變化出空間中的色彩藝術學，形成簡約又自然的自然居家。

087

色彩 單純的色彩運用搭配穿透與低反射的玻璃材質，精密地計算出全室的光折射率，讓小空間也能很清爽。

088

材質 延續原有的米黃色石英磚地板，搭配左側的淺色木紋視聽櫃，創造協調的色彩感受。

工法 寶石切割面的櫃體門片是以木作先行打造後，再運用噴漆裝飾，讓門片展現厚實的重量感，但其實內部是空心且可輕易開闔。

087／整合光折射率的清麗客廳

因清透的薄紗窗簾、以及純白沙發皮色的映照，讓原本空間不大的客廳也有明快、寬鬆的悠閒表情；此外，為避免雙邊空間過於壓迫，隔間採以半牆設計，讓書房能有如玻璃盒子般的清澈澄淨。圖片提供©藝念集私空間概念設計工程

088／清水模灰創造舒適氛圍

基於客廳空間廣度不深的緣故，櫃體由內逐步縮減厚度，再加上懸空的全白設計，有效減輕沉重量體的感受。仿清水模漆飾的牆面運用大面積的分割線，有助拓寬牆面視覺。自然的灰色調，沉澱空間重心，展現輕柔舒適的調性。圖片提供©國境設計

089／寶石切割面造型門成焦點

與客廳結合一氣的玄關如何做出定位呢？設計師利用三座黑色、如寶石切割面的高櫃來營造出玄關的造景，再搭配仿古鏡面的穿衣鏡與抽屜、層板不一的收納機能，讓大門右側的玄關絲毫不突兀地融入客廳場景中。圖片提供©AYA Living group

089

090

091

為了強化俐落的和風質感,地板以粉光水泥材質來營造冷調的空間感,而障子門下端以透明材質取代,也增加內外空間的互動。

以大干木皮、柚木鋼刷和梧桐木交錯排列,地板承襲木質調性,選擇好清理的浮雕木紋塑膠地磚。

090／專屬屋主的另類和風

透過一牆障子門的鋪陳,讓客廳呈現出屋主喜歡的日本風,不過這傳統的日式門款也非一成不變的守舊,設計師運用簡化的線條來勾勒出現代感,並與冷色調的空間感及現代的立體白牆呼應,混搭出屋主專屬的另類和風。圖片提供◎藝念集私空間概念設計工程

091／深淺木紋錯落,排列有致

僅有13坪的空間中,電視牆透過深淺不同的木皮搭配,錯落的排列形成空間的矚目焦點。木紋垂直線條與玄關的白色裝飾牆一致,相同的設計元素延續整道牆面形成一體。四周以黑色烤漆框邊,如大型畫作般展示。圖片提供◎國境設計

092／**不規則櫃體展示兼具收納**

僅20坪的室內空間，運用格局破解使公共空間獲較大坪數的使用，以順暢的動線打造，也讓視野更具遼闊，開放式的客餐區與閱讀區，使用自然的傢具作為不做作的交界。具有人文氣息的木紋電視牆面，溫潤的色澤彷彿靜下心就能讓人感受在森林之中。圖片提供◎明代設計

材質 運用整片的梧桐木讓空間放大並帶來沉穩的自然氣息，而當中點綴米白色的細長垂墜鐵件則增添趣味。

092

材質 鏽石電視牆展現出立體紋理,將大自然況味引入室內。

材質 胡桃木染黑仍帶有木紋理,但烤漆後的黑木皮則呈現更現代感的光澤面,這些微差異透過光的折射又能創造不同反光表情。

093／現代古典語彙並行的熟齡住居

此間80歲以上居住者的空間規劃中,地坪以完全無高低差的無障礙空間設計處理,並以清爽舒適的生活風格為主調,傳統的窗花,經過現代感的玻璃、鐵件演繹之後,化為抽象的圖騰,成為客廳具裝飾性的隔屏,也為這間銀髮族居住的空間,注入嶄新的文化活水。圖片提供©演拓設計

094／低調鏡影照亮黑主牆

因屋主喜歡深色木皮的色調,為此,設計師特別在客廳的電視牆與側牆上,分別以染黑的胡桃木與黑色烤漆的木皮作不規則拼貼,並於其間穿插條狀的明鏡與不鏽鋼片,讓簡單的黑牆展現出更細膩的光影與視覺延伸變化。圖片提供©藝念集私空間概念設計工程

095+096／清水模主視覺讓家簡約有型

整個家的牆面運用仿清水模的特殊塗料設計，
營造出冷靜有型的現代美感，並以此作為主視
覺。其次則搭配淺色木皮從入口天花板延伸至
客廳電視牆，除能引導出空間動線，也讓家更
添溫暖感受。圖片提供◎蟲點子創意設計

工法 為簡化設計，沙發後的清水模主牆利用
特殊分割線條隱藏了小孩房與客浴門
片，玄關與客廳間也僅以深淺色木地板
與高低差作區域分隔。

材質 潔白天花與電視牆、透光拉門、拋光石英磚地板及鏡面沙發背牆,以天地壁四面環繞凝聚出明亮感受。

材質 為了突顯自然美,在地板材質與傢具款式上都是以粗獷、休閒質感為主,並藉由現代單品傢具點出時尚感。

097／還以老屋明亮與質樸的人文氣息

原本整個空間呈現陰暗氛圍的老屋,在設計師運用了巧思,客廳旁的拉門使用透光度好的材質,帶入和煦的自然光,沙發背牆也使用玻璃材質,運用鏡面效果的材質令屋內更加明亮。並以鮮綠跳色搭配木質傢具,展露自然氣息。圖片提供◎演拓設計

098／自主光合作用的有機空間

在主客廳旁利用長廊式的格局規劃出與庭園零距離的下午茶區,這區以鋼構設計打造的玻璃屋除了擁有無價的庭園綠意,在自主光合作用的有機環境中,休閒味的籐傢具與半圓吊椅的搭配也讓空間增添更多療癒美感。圖片提供◎藝念集私空間概念設計工程

099

099+100／將天花浪板融入設計風格中

除了深受屋主喜愛的清水模電視牆與梧桐木沙發背牆，天花板則是保留原建築鋼骨架構的浪板材質，讓空間營造出簡約質感的格柵線條。電視牆左右兩側分別為小孩房與書房的出入口，但因整合得宜絲毫未顯雜亂感。圖片提供©蟲點子創意設計

材質 在電視牆右側依著矮櫃向上立出一座櫥窗，因採用層板與玻璃材質使其保有穿透感，並可展示照片或傢飾品。

100

101

客廳主牆因結構關係並不對稱、約有20～30公分的前後落差，設計師運用木作規劃對稱置物層板、平衡視覺。

102

材質

文化石材質偏屬於褐色系列，在對應到其沙發背牆、電視櫃同樣也是從該色系做顏色擷取，讓顏色能彼此相互呼應。

101／灰藍色線板勾勒古典客廳輪廓

由於住家天花樓板不高、實際高度約2米8，之後加裝天花、燈具厚度會顯得更低，因此設計師利用灰藍色踢腳板蔓延天花橫樑、勾勒空間輪廓，同時客、餐廳高度拉齊，藉由線條延伸達到拉闊空間效果。圖片提供◎法蘭德設計

102／深色文化石鋪陳牆面的粗獷味道

浩室空間設計擅於運用建材材質形塑藝空間氛圍，這間客廳電視牆，以偏紅褐色、深色的文化石砌成，簡單、又帶點層次變化的材質引出空間的復古、工業味道，同時又讓粗獷與細緻的對比效果能並存其中，展現出現代空間的藝術性和美感層面。圖片提供◎浩室空間設計

103／大地色穩定空間重心

在大坪數的空間中，運用天花板採用吊燈及格狀設計，化解大樑壓迫，呈現挑高大器的空間視感。大地色的電視主牆穩定重心，門框、電視牆邊角細心選用柱頭修飾，古典造型語彙流露高貴優雅的氛圍。圖片提供©摩登雅舍室內設計

材質 電視牆延續地板和大門的自然色澤，選用木紋手工壁紙鋪陳，在全白的空間中圍塑出主牆的視覺份量。

103

104

105

104+105／鮮黃跳色改變傳統變電箱印象

由於只有兩人居住，再加上以屋主曾旅居國外的經驗為依據，打破三房格局，僅留下一間主臥，公共區域更顯開闊，並利用人字拼木地板創造大尺度的空間視覺。在藍色牆面中，以黃色玻璃作為變電箱門片，讓變電箱也作為牆面裝飾的一環，顛覆傳統質樸印象。圖片提供©犬良設計

材質 與左側大門牆面相比，沙發背牆刻意選用再深一個色階的藍色；變電箱門片選擇鮮豔的黃色玻璃，藍黃的鮮明對比，意圖在大尺度的空間中凝塑視覺焦點。

材質 在光線充足的空間中,以淺米色大理石作為空間主視覺,再搭配淺色木紋,增加整體的明亮度。

材質 設定黑、白兩色作為整體空間的主色,運用大理石的大器質感、黑色烤漆的櫃面和帶有米色的拋光石英磚,即便是相同色系,運用不同材質就能創造豐富視覺。

106／簡單宜人的大地空間

空間本身就擁有大量採光,因此整面電視牆選用米色大理石,展現大器風範,而下方再以清淺的木作櫃體鋪陳。層層鋪就出自然大地的溫潤色彩,整體以米白色系為主調,簡單而清爽宜人,流露寧靜舒適的居家氛圍。圖片提供◎和薪空間設計

107／多重材質創造視覺層次

微調格局,利用半高電視牆和入門屏風界定玄關、客廳和餐廚區範疇。帶有自然紋路大理石牆面和拋光石英磚地面,讓原本陰暗的公共區域煥然一新,展現明亮的視覺效果。玄關區的櫃體由外向內逐步加寬厚度,不僅加大收納容量,獨特的造型也豐富空間層次。圖片提供◎Z軸空間設計

108

色彩 沙發背牆運用淺藍色花紋的壁紙,呼應天藍色的壁面,使整體色彩一致,而象牙白的柔和色調則中和空間氛圍。

109

材質 選用以鐵件材質來設計屏風可強化空間的現代風格,至於橫向層板上隨興放置的可移式木隔板,可避免整座屏風過於暗沉、增加暖度。

108／文化磚牆描繪鄉村語彙

調轉客廳與餐廚區,破除不必要的隔牆讓光線進入,陰暗老屋徹底變身。客廳電視牆承襲了鄉村語彙,以象牙白文化石砌出壁爐造型,壁面則點綴精緻線板收邊再鋪陳天空藍,堆疊出細膩的層次感,營造淨白優雅的空間表情。圖片提供©摩登雅舍室內設計

109／超酷鐵件屏風標示現代精神

透過纖細卻堅韌的鐵件材質設計出展示屏風來界定客廳的區域,不僅保有客廳的開闊視野,避免因隔間牆阻隔而讓空間感變得瑣碎、小氣,同時因屏風具有隔板設計,讓屋主可隨意放置傢飾品,甚至隨季節裝飾出家的品味。圖片提供©藝念集私空間概念設計工程

110+111+112／饒富禪風日式居家

當從工作崗位退下時，居家生活或許就佔了日後的絕大部分。這位從事日本貿易的退休企業主希望能在客廳營造日式休閒氛圍，寬敞的空間以深棕色鋪成，流露沉穩氣質卻不顯壓迫，桃色躺椅做空間跳色處理，做出亮點。圖片提供◎天境設計

工法 電視牆採用夏木漱石，並以交錯手法，橫向對紋、縱向則採不對紋拼貼，拼貼處石材加工橫向磨4公分，深1公分，運用分割線不均分產生律動效果。

113

114

工法

電視下端的木質電器櫃設計展現如精品一般的作工，甚至在櫃體側邊還有插座孔設計，打開蓋板就可插上電源。

材質

回應屋主對於自然風格居家的喜好，住宅多以木質與白色基調為主，展現舒適的生活氛圍。

113／清水模玄關櫃成為入門端景

不只用仿清水模的材質表情鋪滿牆面來營造簡約感，更將之應用在玄關櫃上，搭配大門打開後天花板的黑色引導線條，讓清水模玄關櫃成為入口端景，同時也讓人忽略了天花板上大樑的存在感。圖片提供©蟲點子創意設計

114／刷白磚牆兼具實用與美感

30多年的老公寓，因應衛浴須重新砌牆，順勢將磚牆刷白處理，規劃為客廳的主牆，牆面上端局部搭配玻璃材質與上掀窗戶的設計，除了增加牆面的豐富表情，更實質的用意在於為浴室引進充沛採光。圖片提供©十一日晴設計

115／以木色統一空間

整體空間以深色有個性的調性為主軸，從客廳、玄關到廊道區，牆面皆選用灰色類木紋板模的壁紙，型塑一致的視覺效果，營造沉穩氛圍。由於坪數較小，以層板和抽屜取代封閉櫃體，留出空間餘白，鮮黃色抽屜的俏皮設計則增添活潑氣息。圖片提供©Z軸空間設計

材質 基於屋主偏好深色系，牆面和地板特意挑選帶灰的中性色系，並以木紋提升暖度，鮮黃色的抽屜則在一片深色空間中成為最亮眼的矚目焦點。

115

116

117

116+117／利用複合材質營造度假風

設計師以一座輕裸露且極具自然風格的渡假屋為概念進行設計；公領域刻意不裝飾天花板，呈現裸露感，再以粗獷的石材，打造牆面，而沙發背牆的石牆，盡是佈滿了女主人和友人親繪的畫作，更增添空間內的藝術人文氣息。圖片提供©明代設計

色彩 為了不使自然的況味太過四溢，設計師運用工作區的木色與臥榻的木地板收攏集中，運用不同視感的材質調和空氣。

118

118+119／不鏽鋼電視牆成為空間中心

在現代風調性的基底下，不鏽鋼懸吊電視牆成為整體的視覺中心，四周櫃體和傢具的配置環繞著電視牆排列。電視牆背面則另外選用深灰色烤漆玻璃，作為小朋友盡情揮灑創意的畫布。整體以淺灰和白色大量鋪陳，形塑冷色剛硬的個性居家。圖片提供©Z軸空間設計

工法 懸空電視牆以木作為底，為了有效支撐重量，木作需固定於原始天花板的結構，並特別要注意釘牢，表面再貼覆不鏽鋼和烤漆玻璃。

119

工法 除了在主牆上畫出亮點，玄關櫃門也罕見地以黑鐵板材質打造而成，再打上燈光則更能突顯出硬派質感。

工法 木料保留原始漆色，裝設時只要木料的顏色彼此錯開，就能展現斑駁、具歲月感的拼貼效果。

120／實木地板畫上沙發主牆

如歐洲宮殿中常見以精緻畫工彩繪的大理石牆，這面客廳沙發主牆並不是釘上木板，而是請技藝高超的油漆師傅運用批土、刮刀及特殊漆料，在牆面上一筆一筆畫出來的「木地板」，如同壁畫一般地具有設計趣味與藝術價值。圖片提供©AYA Living group

121／老木料詮釋一室懷舊風光

客廳主體壁面採老木料錯落新搭處理，設計師延請木工師傅隨興配搭，營造出材質自然天成的律動感。部份壁面採水泥粉光處理，地面則是採純白色系的epoxy環氧樹脂施作，創造一室明亮。圖片提供©明樓室內裝修設計

材質 黑色大理石穩定空間重心，搭配梧桐木染灰的木質牆面，低彩度的一貫設計形塑沉穩氣息。

工法 整片落地窗將光線暖暖帶入屋內，增添了一室的明亮，線條層次分明的電視主牆則是空間中最恰到好處的襯托。

材質 空間從門框、櫃體、壁面到天花，皆以線板造型展現美式古典的豐富層次。

122／大理石牆凝聚視覺

修正老屋的不良格局，將客廳挪至窗邊，迎入大量採光，再運用木質牆面劃分公私領域，消除畸零角落，公共空間變得更方正。對襯拼花的大理石主牆，高貴大器的自然紋路凝聚視覺焦點，木質牆面隱藏三個房門的入口，相同材質的運用讓立面更加完整。圖片提供◎大雄設計

123／條紋沙發跳出清爽活潑印象

客廳天花板運用松木及白色線板搭配透明水晶燈飾突顯樸質悠閒。壁爐造型主牆周圍都是白色線板門櫃蘊藏強大收納機能，搭配手抹牆及染白文化石更營造出北歐鄉村特色。布沙發以藍綠條紋跳色，帶出更清爽活潑的空間印象。圖片提供◎摩登雅舍室內裝修設計

124／白洞石主牆呼應低調的現代古典

白洞石電視主牆的特殊結晶與肌理成為空間焦點，地坪則鋪設具有地毯般視覺效果的木紋拋光磚，並運用黑色花崗石滾邊裝飾，創造出現代古典風格。圖片提供◎權釋設計

125

126

材質

以純淨白色為基調的空間,透過不同材質肌理所呈現的白,例如石材的紋理以及以刮刀創造的馬萊漆,讓白色也能有豐富的層次效果。

工法

因為石材厚重難以施作,板岩是替代的好選擇,此處選用石物薄板,並且取固定幅寬,運用蒙德里安概念裁定分割線。

125／透過曖昧的光,壁面多了想像

光線是空間氛圍構成的重點,夜晚透過曖昧隱約的間接照明,空間呈現迥異於白日,多了幾分深層魅力。客廳馬來漆牆閃著銀白光澤,旁邊的白色鋼烤廚具背景牆,則採用雕刻白大理石,如同柳樹剪影般的明顯紋理,讓空間增添故事想像。圖片提供©水相設計

126／石物薄板電視牆呈現大器質感

在屋主有限的預算下,又想呈現出空間的質感,電視主牆利用石物薄板做分割拼貼,既能創造石材的氛圍、施工拼貼容易,又能大大降低業主預算,而客廳後方的書房則將原有的隔間拆除,開拓出一處開放式的書房空間,使整個空間放大許多。圖片提供©天境設計

127／木百葉做隔間突顯輕盈穿透感

客廳區與書房可利用百葉窗來調節室內自然光源，配合灰藍色調的木質牆色，提供給家具最佳的舞台，當然也創造出屋主最鍾愛的英式鄉村風。圖片提供◎陶璽空間設計事務所

工法 隔間牆以木百葉取代實牆，可增加空間視覺的穿透性，達到放大空間的效果。

127

128

色彩 文化石有多種色系可選擇，土黃款、深灰款、淺黃等等，灰色一般多見於工業風，這個案子則是選用白色，與梧桐木的淺木色調展現悠閒感。

129

材質 入口處利用灰鏡與線簾兩種材質，讓空間具有反射與延伸的視覺效果，輕柔的線簾也令空間多了柔軟調性。

128／集復古與曠野風尚於一身

壁面文化石、鋼刷梧桐木、黑色鐵件，配搭出粗獷安適的情緒，電視與書寫區以沙發區隔，維持完整的通透感。電視與喇叭採內嵌方式處理，電視櫃檯面則採鋼板噴白收頭，營造出漂浮輕盈且無壓感受。圖片提供©相即設計

129／細膩與粗獷的對比效果

客廳電視櫃採半拋石英磚鋪砌，沙發後壁面則採粗獷的仿磚文化石堆疊，一面收頭細膩，另一面粗獷而隨興，倆倆迎面相見，地面採用煙燻橡木恰到好處的融合了兩者特質，彰顯出對比的現代美式住家風尚。圖片提供©德力設計

130

色彩 為打造自然療癒的居家，包括傢具的選搭也是大量的白色、淺灰基調，讓家也具有放鬆、緩慢的氛圍。

130／無毒的木料觸感

公共區域藉由大面積活動門，將客廳與書房空間一分為二，敞開時，不論光線傳遞或視覺流動，都完全不受侷限。隔間門框與客廳收納櫃體材質，採用紋理清晰的梧桐木，地坪則使用環保無毒的地板材，讓視覺與觸覺感官與大自然更親近。圖片提供◎台北基礎設計中心

131／懸吊式大理石牆營造漂浮感

客廳與書房的隔間牆，透過將大理石懸吊起來，再於周邊結合10mm的強化玻璃，製造出令人驚喜的漂浮感。虛實相應的手法，讓空間既穿透又具隱密性。圖片提供◎演拓室內空間設計

材質 刻意選用白色金屬拉門營造細緻感，也與電視牆的銀狐大理石相呼應。

131

132

主牆後方規劃為書格局,以清玻璃隔間的穿透性,讓書房內的展示品納入客廳成為端景。

133

132／以美式線板造型突顯古典氛圍

豐富的天花板層次線板與間接光影,烘托客廳的古典溫馨質感,陶瓷烤漆美式造型櫃與木紋石電視主牆,是構築空間設計的兩大語彙。圖片提供◎權釋設計

133／香杉木背牆搭柚木地板,營造溫暖氣氛

白色沙發,搭白色大理石面鐵腳小茶几,沙發背牆採香杉木,裁切不規則的長條形,中間刻意留縫,貼不鏽鋼鐵件,以中和木頭的沉重感,呈現俐落設計,地板鋪設柚木,和背牆拉出層次感。圖片提供◎金湛設計

材質 背牆和地板均採木質,營造溫暖放鬆的氣氛,左前方一盞曲線造型燈,活潑了整個空間。

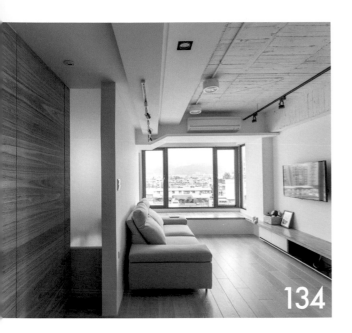

134+135／**歲月痕跡相佐，家更有味道**

在裝修這棟老屋的過程，因將原本封住的天花板打開後發現原本板模泥作的粗糙痕跡很有歲月感，決定刻意將天花板裸露，再搭配整齊的電路管線排列，使原屋況的舊天花板與新的木作設計、現代傢具融合成迷人的新風格。圖片提供©蟲點子創意設計

工法 為使舊天花板能融入新空間，也考量後續維護的問題，在泥作上以白色噴漆作保護，也讓空間明亮高挑些。

134

135

136

137

136／現代俐落感的輕量化樓梯

地板和沙發背牆選用同樣的卡拉拉白大理石，具延伸效果，空間感
更為大器，一旁的鋼構噴白漆樓梯，搭配木質踏板，扶手採用整塊
透明玻璃加不鏽鋼，感覺較不佔空間更顯輕盈，打造出現代俐落感
的輕量化樓梯。圖片提供◎金湛設計

137／純化線條讓視覺更乾淨

本案位於中國廣東省郊區，為140坪的挑高住宅，自毛坯屋便著手
規劃，身為台商的屋主喜愛簡單自然的風格，因此設計師於一樓牆
面採用玻璃材質，增加室內的自然光源，電視牆採用仿古面的木化
石，以簡約大方為主，地面則採無接縫拋光石英磚，既美觀又方便
清潔。圖片提供◎演拓空間室內設計

138／星際大戰螢幕牆豐富科技想像

為了達成屋主喜歡的科技感，從星際大戰電影中發想設計出懸吊的電視牆造型，而與之相對的特殊漆牆則可隨著光影展現亮面或陰影變化，搭配落地窗選用的三面可上下移動的風琴簾，給予空間更多想像。圖片提供©懷特室內設計

材質 米灰紋的拋光石英磚地坪構成一片靜謐，由大理石打造的電視牆，透過立體造型與冷冽質感來展現時尚的都會品味，斜角切割手法打破了這片冷白。

138

材質 以天然石材做深濃的色彩搭配，並與陽剛的材質，突顯空間主人的性格。

139／天然石材的厚重質感

厚重感黑色系天然石頭的外皮作為客廳的焦點牆，右側立面施以不規則切割的長條形銀狐大理石拼貼為電視主牆，石材與石材之間的接縫，則以不鏽鋼壓邊，突顯出現代與精緻質感。圖片提供◎近境制作

140／金屬鐵灰凝塑剛硬調性

屋主偏好率性自然的工業風空間，因此客廳主牆選擇深灰色襯底，從主牆向兩側延伸統一色調，搭配不鏽鋼拼接的電視牆，凝塑剛硬不羈的空間調性。大落地窗的設計讓光線湧入，採用淺色木地板讓空間更為明亮，中和主牆的深沉色彩。圖片提供◎大雄設計

材質 搭配電視主牆不鏽鋼的金屬質感，採用鐵灰色作為空間主色，主牆輔以間接照明，讓空間更為立體有層次。

141

材質 選擇適合的大理石種類，單色大理石則要求色澤均勻、圖案型大理石則盡量挑選圖案清晰、紋路規律者為佳。

色彩 面對住宅戶外的自然景色，室內材質與色系皆以低調樸實的概念作為陳述，讓室內外的景色一致且連貫。

141／對花大理石的材質之美

此戶含一樓與地下室，設計師選用雕刻白大理石對花處理，以最簡單的形式表現客廳主體的電視櫃，地磚則採80×80拋光石英磚鋪砌；茶几從大理石中汲取出灰色系並採鋼琴烤漆處理，中間輔以10mm強化清玻璃。圖片提供©奇逸空間設計

142／層次豐富性格鮮明的窯燒磚

電視櫃採大理石石材製作，內含鐵件結構，外覆米色與黑色石材，藉由鐵件的支撐創造出宛如懸掛在空中的漂浮感。沙發後壁面猛一看以為是皮革繃布處理，但事實上全數皆以窯燒磚拼貼，並輔以聚光燈突顯出材質特有的質地美學。圖片提供©相即設計

142

143

工法 彷彿將天馬行空的創意思維融入了客廳之中，十字架書牆讓書的擺放更添了隨興氛圍，饒富趣味的造型椅讓空間中流洩著自在悠閒的生活感。

144

材質 以鍍鈦金屬為設計主軸，運用淺色木地板和皮革的大地色系暖化金屬的冷冽。

143／黑白灰的空間層次感

以全木皮染黑的電視牆面做為視覺焦點，在黑白灰的佈置中，彰顯出空間的沉靜與寧靜。利用灰白色的超耐磨地坪刻意的鋪陳出復古的氛圍，電視櫃一旁的白色造型書架展示櫃，則為沉穩的氣氛中帶來一絲活潑的氣息。
圖片提供©水相設計

144／金屬質感形塑空間氛圍

從毛胚屋就開始進行規劃，以雅痞都會風格為主軸，上方橫樑包覆鍍鈦金屬，刻畫俐落線條，冷冽的亮面質感與電視牆相呼應，木質地板和皮革沙發則呈現素材的原始溫潤手感。半高的電視主牆讓客廳、餐廳和書房呈現穿透感，開放的空間讓親朋相聚也不顯擁擠。圖片提供©大雄設計

材質 電視主牆下端的設備櫃，選用黑玻璃材質構成，一方面具有淡化櫃體的作用，另外也能讓使用者直接操控。

材質 右側的書房空間，採用雞翅木收縫的綠色玻璃隔間牆，將隱私需求與復古情懷完美結合。

材質 兩片前後錯位、平行的金屬烤漆造型灰牆，後方隱藏了通往上下層梯座的動線。

145／鏡中景的低調折射

電視主牆以黑板岩為材，左、右、上方局部以灰鏡開脫，搭配線形燈光，讓低調的「鏡中景」折射更有氛圍變化。主牆兩側木質面的「柱」體，其中右側為建築物的結構柱，左側則為考量對稱美感所作的隱藏收納櫃，表面的洗溝裝飾成為開啟櫃門的把手。圖片提供◎尚藝室內設計

146／平價建材下的好設計

設計師大膽選用灰褐色系的美耐板作為電視櫃的基材，同時配合灰色油漆粉刷，創造一個將平面電視融入客廳配置的端景，電視機櫃則採榆木旋切跟皮沙發相襯。圖片提供◎奇逸空間設計

147／平面上的線條奔放

牆面上自由舒張延伸的線條，設計師特別內藏LED燈，增加視聽時氣氛。客廳天花採局部方框塗佈金屬漆，旁邊並運用高低差的立體分割線條，讓視線導引至更深的內部區域。圖片提供◎藝念集私空間設計

148

材質

客廳運用霧面和亮面磁磚相互交替使用，再以大小不同的切割線，創造視覺上的韻律感。

149

材質

牆面與天花板以純淨的白色為基底色調，為空間帶來了輕盈且寬闊的視覺效果，暖灰石材與橡木色壁面相互呼應，強調自然舒適的居住氛圍。

148／不同材質暗喻區域過渡

由於是兩代同堂的居家，設置開放式書房留給父親使用，僅以傢具區隔的設計，開拓整體的開闊感受，客廳與書房同時也分別運用磚材和木地板，暗示區域轉換。電視牆挑選具有深刻紋彩的洞石，表面天然的凹凸紋理流露素材的原始面貌，成為空間的矚目焦點。圖片提供©大雄設計

149／彰顯挑高格局的延伸特質

挑高格局為此空間的一大特色，為了不浪費這樣的條件，在設計上刻意藉著石材包覆柱體來彰顯向上延伸的縱軸線條；同時將雙層樓高的建築畫面刻意保留，展現其空間價值，也有別於一般挑高別墅的設計思維與建築美感。圖片提供©DINGRUI 鼎睿設計

150／**精品展示與收納並備的貼心設計**

沙發後收納展示櫃以烤漆玻璃局部洗白處理，內嵌6公分嵌燈，展示收納櫃同時包覆總電源開關箱，收納櫃上方則以美曲板染色作為面材，茶几採劍岩木皮搭黑鐵噴漆量身定製。圖片提供◎德力設計

材質 地面以60×60木紋磚採菱格拼貼鋪砌，與大地色傢具搭配出自然氛圍。

150

工法 大理石主牆上方運用兩層木作為底，交疊出厚薄層次，再搭配間接照明，展現立體質感。

色彩 水泥墩及實木展示平檯，無論是擺設藝術品，或是當做座椅，皆可自由隨意使用。

151／素雅石材打造高貴質感

作為退休居宅的空間，以日式禪風為主軸，透過玄關的深色木作展示端景，打造寧靜沉穩的視覺印象。轉換到客廳，則運用天然紋理的白色大理石彰顯高貴風範，與之映襯的拋光石英磚地板，亮面質地相互搭配，形塑高雅質感居家。圖片提供©大雄設計

152／自在樂活呈現素材之美

客廳主牆使用薄型板岩，讓整個L型牆面連貫延伸，打破一般制式的客廳形式，以起居室的休閒氣息融入設計中，居住其中自在生活。圖片提供©禾築國際設計

153

色彩 在橘色作為空間主色的情況下，選用橘黃色沙發延續相同視覺，地板則深淺兩色界定客、餐廳空間範圍。

153／相同風格語彙塑造完整立面

客廳電視牆利用白色文化石打造出磚砌的壁爐造型，左右兩側看似壁面卻是通往儲藏室的隱形入口，門片運用線板雕塑，一致的設計語彙形塑完整立面。木作天花如木屋般的設計，為居家揉進自然質樸的氣息。圖片提供◎摩登雅舍室內設計

154／深邃視野的有限空間

以木色地板鋪成的溫潤客廳，為了讓空間展現更優異的穿透感，電視牆後採用鏤空設計，使視覺的深度可拉伸至玄關鞋櫃處，另外天花板與電視牆的線條也有助於拉大空間張力。圖片提供◎DINGRUI 鼎睿設計

工法 電視牆兩側的鏡柱、側邊的半高鏡牆安排，更使視野延伸而顯得更深邃。

154

工法 電視牆表面的凹凸質感是工匠刻意用抹刀，手工作出的粗獷灰泥效果。

材質 沙發背牆以三片大型可自由塗鴉的烤漆玻璃材質，從空間配色中汲取青蘋果色與湖水藍色，將商空常見技法將地圖直接安裝於壁面。

155／層層雕飾打造空間立體視感

以黃色牆面為底，再設計半高的壁爐造型電視牆，上樑則以木作雕飾點綴，具有前後層次的安排讓空間視感更為立體。電視牆表面貼覆復古磚，再襯以兩側間接照明塑造柔和光線，居家的手感溫暖氣息油然而生。圖片提供◎摩登雅舍室內設計

156／化解稜角的倒 L 型膠合玻璃

客廳後是孩童房，為化解空間的視覺稜角，同時得以讓光線更加自由流動，設計師採膠合玻璃作為睡房門片，如此也同時兼顧使用者的個人隱私。圖片提供◎德力設計

工法 橡木人字拼貼的地坪不僅可展現空間立體度也能讓呈現視覺溫潤感。

材質 以可可色系作為空間主色，地面採用深色木質和地磚穩定視覺，皮革沙發延續一貫色調，和諧的色階創造舒適暖度。

157／開放空間內藏的機能

雪白銀狐電視牆的背後，就是大門入口，電視牆就是玄關端景牆，同時也是走道與各個區域的交界，橡木人字拼貼地板內是生活區域，銀狐牆外的地磚是走道。壁爐牆面上方藏著螢幕，電動升降投影機平時藏於客廳天花內。圖片提供©近境制作

158／金屬與石材對比，形塑景深

寬敞的開放公共空間中，大膽採用金屬材質作為電視主牆，半牆的設計使視覺延伸至後方的休憩空間，與灰色大理石立面形成前後景對比，創造立體景深，營造獨特精緻感的工業風居家。輔以深色木地板和磁磚劃分客、餐廳領域，塑造整體的沉穩氣息。圖片提供©大雄設計

158

Chapter

(2)

多元空間

隨著人們生活習慣的改變，客廳的功能也不斷地演化，時至今日，各發展出結合不同空間功能的客廳，客廳可以與書房、餐廳、工作區域做連結，為生活再圈入全新樣貌。

159／開放式規劃營造寬闊空間

在客廳區塊的背後設置書房相當常見，並採用開放式規劃讓兩個區塊共享同一個光源，再巧妙運用色彩打造視覺焦點，增添空間的活潑感之餘，書房的收納機能更一併加入，多元空間的部署讓客廳擁有1＋1＞2的效果。圖片提供◎馥閣設計

160／有效整合書房與客廳的動線

刻意將書房設置於屬於公共區域的客廳，不僅可以提升家庭成員熱愛閱讀的習慣，從入門處到客廳一氣呵成的動線規劃，更營造出滿室書香，並增加家人彼此之間的親密互動，讓客廳成為家的核心。圖片提供◎境觀空間設計

161／客廳與工作區的雙重合一

將工作區、客廳等佈局劃分在同一個空間，讓此區可搖身一變化作屋主的閱讀區與工作區，使得客廳不只有放鬆休憩的功能，空間隨著人的多元生活方式擁有不同的氛圍，可以認真工作、亦可隨意聊天，締造休閒與專注力兼具的客廳。圖片提供◎101空間設計

162／線型天花設計打破空間界線

如何在空間裡放入餐廳與客廳卻不顯狹隘呢？運用天花的線型設計，打破了客廳機能的限制，由室外到室內一體成型的開闊視覺佈局，將客廳、餐廳，以及裏外空間有效結合為同一個生活場域！圖片提供◎水彼設計

163／零死角的全開放遊戲空間

孩童就算在家裡也常常讓父母無法輕易放心，考慮到家中小小孩的設計，將客廳原有的實牆拆除，視覺動線因而穿透了餐廳、遊戲室等區域，打造出一個家人自然聚集的安心空間，具備舒適、放鬆與遊戲機能。
圖片提供◎懷特室內設計

164／統整空間調性與機能

利用大開窗的明亮採光，搭配玻璃隔間，使得看似界線明確的餐廳與客廳，逐一被光線所收攝成為同一個空間，使客廳不只是客廳，兼具黑色沉穩調性與白色餐區的簡約，使單一空間訴說出繁複的生活風格。圖片提供◎潘子皓設計

採光 當所有沙發沿著和室排列，沙發成為軟墊延伸，將客廳與和室化為一大場域。

動線 無隔間的設計讓客廳、休息區和餐廳之間相互串聯，寬闊的生活動線呈現出通透的感受。

165／沙發也是延伸空間的道具

客廳與和室之間的樑體，以天花板加寬包覆，並整合空調主機，形成挑出的簷廊；而客廳沙發特別訂製，不僅與木地板等高，更可個別拆解為單椅，自由排列使用。圖片提供©無有設計

166／樑體線條暗示空間轉換

以現代英式古典風格定調，不刻意刻畫過多的線板修飾，僅運用可可色在樑上修飾，拉出原始的空間線條，也注入低調奢華的氛圍。沿樑體位置劃分客廳與休息區，隱性的暗示界定空間範疇，深色櫃體與可可色調相呼應，形成空間中的最佳背景。圖片提供©大雄設計

167

注意 玻璃拉門加入木頭框架，與空間風格更為吻合之餘，拉門的界定也有阻隔油煙與防止空調溢散的作用。

168

採光 既然是高樓即無須考量私密性，客、餐廳落地窗選用透光窗簾，保有明亮美好的光線效果。

注意 桌面下端的綠色板材實為淡化書桌量體意象，同時也巧妙將線路隱藏於內。

167／玻璃拉門製造互動也阻隔油煙

23坪的空間硬生生隔了三房，廚房也同樣狹窄難以使用，設計師取消一房，並將部分走道納為廚房範圍，客廳與廚房之間選用玻璃拉門作為隔間，達到視線的延伸與開闊放大，也賦予家人互動分享的機會。圖片提供◎十一日晴設計

168／打開隔間共享明亮採光

座落於高樓的好景觀優勢之下，設計師將客廳旁原有的隔間拆除，特別讓餐廳挪移至此，並配置半高規劃的電視牆量體，既有劃分客、餐廳領域的作用，也能讓視野有延伸穿透，同時共享採光與景致。圖片提供◎甘納空間設計

169／中島圖書館串聯親子互動

為喜愛閱讀的一家人，創造出以書牆、中島書桌為主軸的居家圖書館，以櫃體和中島書桌圈圍而成的書房，在動線上與公共廳區形成開放且可360度環繞的設計，透過無阻隔的空間框架，讓全家人無論在哪個區域都能關注彼此動態，共享更多親密的親子時光。圖片提供◎地所設計

169

170+171／**木格柵玻璃隔間展現律動**

小夫妻的新房約四十多坪，因兩人世界不需要太多房間，於是打掉一房成為書房，書房與客廳的玻璃隔間，運用分割線作法的木格柵呈現空氣律動感，而穿透書房隔間，內牆的湖水藍與沙發抱枕互相呼應，並為沉穩簡約的客廳空間帶出活潑氣息。圖片提供◎天境設計

採光 大開窗從客廳連到書房，透過玻璃隔間令全室透亮，而天花不等徑的圓形配置嵌燈亦是造型十足。

172／休憩感客廳兼具視聽機能

基地具有雙面採光的觀景優勢,公共空間以開放式設計,將落地窗外的景提取入內,客廳側規劃臨窗臥榻,結合低矮沙發及影音設備,化身釋放壓力的觀景視聽沙龍。圖片提供©石坊空間設計研究

動線 臨窗設計木質臥榻,將觀景、視聽享受與歡聚宴饗的餐桌串聯一線,人於空間中自由遊走,即時互動。

173／客廳成為公共空間的核心

開放的公共區域各有機能,以沙發茶几定位空間核心,串連架高地板區和餐廚,賦予客廳真正達到交流聯繫情感的空間意義。架構空間的折線從2D漸變為3D,隱喻各區域的分野。圖片提供©石坊空間設計研究

採光 空間採光好也可能導致強光刺眼,採用落地白色百葉修飾窗型,同時篩選時時刻刻進入室內的光量與質地。

色彩 因應鋼琴的色調，書房木皮選用玫瑰木皮勾勒，整體更為和諧。

動線 由於客廳與書房共享同一空間，在傢具上省略多餘的單椅、茶几，保留環狀動線的淨空與順暢。

174／重塑生活型態凝聚情感

一家四口過去住的是透天厝，如今轉為單層大廈生活，情感的凝聚與互動成為設計主軸，於是設計師將閱讀、彈琴、看電視等活動回歸至公領域，客廳後方規劃開放式書房，緊鄰在旁的還有鋼琴區，空間有了前後景層次之外，一家人的情感也更緊密。圖片提供◎甘納空間設計

175／省略多餘傢具，保持動線順暢

環繞客廳的臨窗處規劃一整排的平台與櫃體，設定為書房空間。兩側空間的使用目的不同，所以所需要的光線明暗也不同。例如客廳是全家人活動休閒的區域，需要均勻自然的光源；而書房是閱讀、工作的場所，則需加強打亮桌面的局部照明。圖片提供◎明樓設計

176

動線 入口玄關與廚房，形成雙開口，讓動線自由地遊走格局之中，也讓每一處以及向陽處的距離更加靠近。

177

功能 正面臥榻為軟墊，左側架高處則隱藏抽屜收納的機能。

動線 拉門連結的通道不只是孩童的遊戲區，也作為通向另外一書房空間的聯絡通道，搭配上收納機能，徹底利用空間的每一處細節。

176／穿透手法創造空間自由度與寬闊感

在連結其他公共區域的設計上，刻意以穿透的方式設計隔間，像客廳與餐廳之間無阻隔，透過傢具串聯；一旁的廚房則是採半開放式，適度地穿透性手法，讓全室都能享受寬闊視野與明亮的採光效果。圖片提供©DINGRUI 鼎睿設計

177／大臥榻整合起居與閱讀機能

相較於一般住家明確的客廳角色，設計師利用大臥榻概念，將客廳與閱讀空間整合在一起，客廳以臥榻型態打造而成，與樓梯下的閱讀空間結合，使用彈性變得更豐富，臥榻下還可再拉出一層以軟墊鋪設的臥榻，形成孩子的遊樂區。圖片提供©地所設計

178／以拉門延伸空間使用坪效

原本是客廳的端正格局，透過拉門，以相同質感的氛圍延伸出更寬闊的使用坪效。另一方面以黑色木片與下方捲簾隱藏三聲道影音設備，上方同時設有隱藏式投影布幕，讓客廳也能是闔家觀賞的家庭劇院。圖片提供©奇逸空間設計

178

179

180

179／環繞動線加大空間感

24坪的小空間為年輕夫妻使用，設計師將原有三房格局變更為兩房一廳，公領域與主臥房並同時加大變得寬敞，最特別的是，客廳與主臥房之間採取彈性拉門為隔屏，以電視牆為中心，創造出可環繞的無拘束生活型態，同時也兼具隱私。圖片提供©甘納空間設計

180／彈性拉門達到延伸與獨立

在大片純白的空間內，適度點綴深藍色調，並注入流暢的空間線條，帶來現代風美感，同時添加彈性規劃，運用隱藏門片將機能隱於之中，客廳後沿空間橫樑切分出一間多功能室，並加入彈性拉門設計，讓多功能室可隨時保有隱私，使格局顯得完整。圖片提供©地所設計

181／**清玻連結，書房、客廳成半穿透格局**

客廳與書房透過一半實牆、一半玻璃的設計手法，形成半穿透格局。保留百葉與門片、視情況開闔，維持書房的獨立機能；平常則打開書房玻璃門、拉上百葉，客廳除了拉闊視覺深度外，家人分處兩區仍能聊天互動，成為機動性的住家多元使用空間。圖片提供◎金湛設計

材質 對應客廳的大理石牆面，書房主牆採用水泥粉光，將兩區量體採用類似的灰色調作整合，降低空間過渡落差、統一視覺。

181

採光 採用開放空間規劃，利用大面對外窗的好採光優勢，讓公共空間擁有絕佳光線，同時營造出開闊的空間感。

動線 客廳、書桌和遊戲區採取垂直一線的配置，不僅讓行走更為方便外，也收整空間視覺。

182 ╱ 似有若無的隔間效果

以空心磚砌出矮牆，作為客廳與書房的半開放式分界，在視覺上營造似有若無的隔間效果，無形中延長了廳區景深。特別挑選低檯度的沙發、茶几與用餐區座椅，營造開闊無阻之感，而不同區塊的牆面，也以洗石子與白色文化石材質，為空間注入休閒氣息。圖片提供 © 尚藝室內設計

183 ╱ 架高地板圍塑空間

兩戶打通的 55 坪空間中，在採光良好的區域規劃公共領域，寬敞的場域區分出客廳與小朋友的遊戲區，輕暖的大地色系地板，營造出全室的溫馨氛圍。遊戲區特別架高，明顯界定領域範疇，灰色沙發則暗示客廳場域，簡約純淨的設計，展現北歐的悠閒調性。圖片提供 © 大雄設計

184

材質 利用白色馬賽克磚鋪陳地坪與女兒牆，讓空間有延伸的效果。

185

注意 空間配色以飽滿且充滿豐收意象的桔「吉」黃色系，輔以無色彩的灰，在沉穩的氛圍下多一絲居家暖意。

採光 客廳區僅有單面採光，為了讓客廳明亮，牆上運用壁燈輔助照明，對稱的擺設形塑古典的設計語彙。

184／陽台意念延伸客廳

老屋的陽台壁癌嚴重，為了徹底解決問題，將部分女兒牆切割，改為大片落地窗，但窗框的線條，則延續既有女兒牆的高度，讓陽台的意念得以在室內延續。電視牆刻意增厚的線條，與陽台區結構樑的線條交錯，使得空間在視覺上有更豐富的層次。圖片提供◎大雄設計

185／活動矮櫃串聯客廳、書房

捨棄配置的一間房，將空間納入客廳，變成開放式的書房，以活動式矮櫃串聯客廳、書房、餐廳，開放的空間配置，有效地讓視覺延伸拉開整個空間的縱深，倍感開闊，光線也得以自然無礙地貫穿整個場域。圖片提供◎德力設計

186／格局微調，擴展空間深度

將餐廳與廚房的隔間向後挪移，延展客、餐廳的空間深度。基於風水考量，玄關增設牆面與客廳相隔，圍塑出空間領域。電視牆運用壁爐造型強化歐風風格，壁面則以方框線板和壁燈呈現對稱的造型。圖片提供◎摩登雅舍室內設計

186

187

187+188／**線性設計化解樑柱切斷感**

長屋型格局因作開放設計後，露出了切斷空間感的大樑與柱體，為了虛化樑柱感，特別設計寬版的木平檯從餐廳延伸向客廳，搭配天花遮板的黑色嵌燈帶、沿牆的軌道燈等設計，以延續的線性設計來化解被切斷的空間感。圖片提供©蟲點子創意設計

注意 木平檯可乘坐、也可作為展示檯或書架使用，而在電視下方則加設抽屜設備櫃來收納音響電器。

188

189

189／開放書房串聯客餐廳增加功能

這間新成屋原本客廳的位置其實是一間房間，為增進家人互動頻率與空間的多用性，設計師拆除一房，以弧形動線打造開放式書房兼休憩區，架高地板之下擁有豐富的收納機能，電動升降和式桌也帶來多樣功能，平常甚至是一家人用餐的地方，享有良好的採光與景致。圖片提供©甘納空間設計

注意 架高地板所整合的收納抽屜機能，特別予以藍色調呈現，與餐廳主牆、吊燈顏色一致，讓空間有延續的整體感。

190／切割出的空間既是玄關也是美麗端景

公共空間透過線條切割出不同機能格局，有秩序的安排其中，甚至還創造出雙效果。以玄關為例，設計師在空間中擺放掛畫、木作椅凳條，讓單純的玄關空間也能成為從客廳望去時優美的端景。圖片提供©DINGRUI 鼎睿設計

採光 玄關空間除了引入客廳自然採光外，還加入投射燈，映襯畫的美麗，也補足所需之照明。

190

注意 餐廳傢具搭配粉色、桃紅色系餐椅，背後主牆便選用水泥粉光整和染色木皮、烤漆玻璃，在材質上有層次變化卻又不搶傢具風采。

動線 客廳、書房之間運用經典設計燈具，作為空間的區隔與融合，可調整角度的設計，也能提供兩邊各自使用。

191／無壓延伸的居家視野

由於屋主非常重視與孩子的互動，加上女主人喜愛料理，因此一樓主要規劃為公領域，客廳後端的開放式廚房與餐廳以一字型規劃，保有窗面的延伸，另一側則是運用架高木地板創造出休憩區，戶外陽台一併納入室內，形成臥榻座席，寬敞無壓的延伸視野，帶來舒適的生活氛圍。圖片提供◎甘納空間設計

192／擴大廳區打造多元起居型態

擴大公共區域的使用空間，客廳和書房不再有隔間的劃設，而是透過背對背的沙發，提供兩邊使用，每個人都可以窩在自己喜歡的地方，沙發不是只有看電視，也能練習吉他、和小朋友一起看書，當客人來訪的時候還能將沙發翻轉成面對面的佈局，悠閒的聊天說笑。圖片提供◎實適設計

193

193+194／鐵件拉門搞定獨立與開放

在滿足廚房、書房等機能格局需求之外，設計師利用洗白梧桐木、鐵件與玻璃材質等來展現風格，最重要的是讓客廳的視野與採光都能升等，當然全家的互動關係也藉此更無距離。圖片提供◎蟲點子創意設計

動線 在廚房的鐵件屏風其實是二扇玻璃拉門，因配置有軌道可輕易移動至書房做為門片使用，讓格局更靈活。

194

注意

整體空間以舒適的米色調為主體，並以綠色、深棕色傢具作點綴效果，讓空間與周圍環境達到不突兀的平衡感受。

注意

牆的尺度沒有做過大，在一定的比例尺度內，足夠在兩側分別能擺放電視、書桌等，同時也不影響使用者行走距離寬度。

195／架高地板變多功能起居角落

獨棟住宅坐擁絕佳美景，設計師藉由大面落地窗與色彩、材質的使用，將自然引進居住空間，特別是落地窗景旁架高木地板作為廳區的延伸，搭配右側的櫃體設計，成為起居、閱讀或是孩子玩樂的多功能角落。圖片提供◎地所設計

196／虛與實的穿透感和延伸性

由於客廳電視主牆面與書房牆面剛好結合為一體，為不避免牆面的注入後破壞空間的採光與通透性，設計師特別以低檯度形式來做規劃，這道矮牆提供了雙向性的使用機能，光線、空氣能在環境裡恣意流動，維持空間裡的明亮度與穿透感。圖片提供◎浩室空間設計

197／旋轉門界定場域與氛圍

與廚房相連的客廳，考量屋主常請客人來家裡作客的喜好，設計師以兩道玻璃旋轉門作為區域界定，當門關上時能隔絕廚房下廚的氣味傳播，開啟時也能讓廚房裡的人與客廳的其他人達到情感上的互動。圖片提供◎尚藝室內設計

動線 捨棄電視的客廳，可以不必再圍著電視去設定沙發動線與面向，以人的情感交流為出發點，打造溫馨充滿溫度的客廳。

197

注意 打開隔間的海景視野，配以白、黑相間的純色傢具，以及木、石自然材質的餐桌與地板、牆色，使畫面更增添休閒氣味。

注意 壁面鏡子後面藏有收納櫃與鞋櫃，不僅為空間帶來充足收納量，也將收納藏於無形之中。

198／長屋格局變身夢幻景觀屋

將一般人視為難處理的長形格局隔間打開，拿掉阻斷視野的煩人牆面，使長屋轉換為面臨海景的大視野豪景，而客廳、餐廳也因無隔間牆阻礙同時都能享受無邊無際的夢幻級景觀。圖片提供◎森境＆王俊宏室內裝修設計

199／無界定場域的多元客廳

設計師為了打造結合客廳、餐廳、工作區的多元場域，打掉原本的餐廳隔間，藉此為客廳帶來更多的明亮光線，再以角落規畫出放置電腦的工作區，讓屋主能於同一空間進行許多不同事務。圖片提供◎諾禾設計

200

採光　以開放空間的設計精神，引入更多的光線與風景，客廳主牆則選用療癒特質的藍綠色為鋪陳。

注意　廚房局部搭配二丁掛磚貼飾，與餐廳的清水磚牆相互呼應，加上白色廚具的選用，呈現清爽明亮的氛圍。

200／架高平台連接樓梯，增加休憩功能

屋齡16年的樓中樓住宅，單層約20坪左右，原始樓梯動線設計不佳，造成空間運用的多方限制，因此設計師將樓梯移位與縮短，樓梯位置的挪移讓客廳更趨合理與開闊，架高地面來自於起居室的延伸，統整空間的水平軸線，也巧妙成為廳區的休憩座位。圖片提供©德力設計

201／開放廳區回應屋主的生活型態

以黑白灰為主軸的工業風公寓，移往屋子前端的一字型開放廚房巧妙與書房整合，規劃系統廚具時也一併將3C設備妥善安排，清爽的色調之下，選搭鮮豔的黃色單椅，在空間有畫龍點睛的效果，加上金屬燈罩桌燈為佈置，點出工業風的精神。圖片提供©實適設計

201

202

注意 除了綠色書櫃,其它立面量體保持淡色,只在平面點綴地毯、抱枕等軟件作呼應,適度留白令整體空間更舒適。

203

注意 空間色調以屋主喜愛的黑色為主軸,傢具挑選對比的淺色,讓黑色空間多了溫暖與明亮感。

202／翠綠書櫃是空間重要量體

客廳與書房採開放式規劃,共享空間與光源。書房櫃體塗布綠色,與玄關鞋櫃作呼應,成為廳區的主要視覺焦點。而廳區雖看似隨興,但胡桃木電視櫃、茶几與矮背沙發皆為同一高度,是空間不大卻不顯得壓迫凌亂的原因。圖片提供◎馥閣設計

203／臥房變客廳,開放串聯創造開闊感

僅有20坪的空間卻隔了三間房,並不符合年輕夫婦的需求,所以在格局配置上,設計師拆除兩間小臥房,且將主臥拆除後規劃為客廳,客、餐廳以開放型態串聯在一起,小空間變得更寬敞開闊,同時利用旋轉架取代電視牆,就能讓兩空間同時使用。圖片提供◎權釋國際設計

204

注意 木牆櫃結合端景台的設計讓收納機能與風格美學同時被滿足了，而工作桌後方的抽象畫作則提供了自然與藝術的聯想。

205

採光 公共廳區輔以面光的陽台方向為主向外延伸，光線可自由灑入室內，端坐書桌前視線還能延伸到戶外，拉開縱深創造一室的開闊感。

注意 小朋友在家開關拉門無法隨意控制力道，為了避免碰撞夾傷，設計師強烈建議家長安裝雙向緩衝拉門五金，不僅安靜也保障拉門使用安全。

204／雙區合併讓生活動線更流暢

為了讓不大的空間擁有更寬敞的視野，決定將客廳與工作區合併，不僅強化了雙區之間的互動關係，視覺上可以更開放、通透，相對地生活動線也變得更為流暢。而 L 型沙發與訂製書桌緊密結合，共構了屋主的居家生活重心。圖片提供◎森境&王俊宏室內裝修設計

205／回字動線整合廳區，創造寬闊感

由於夫妻倆都很愛看書，為了兼顧空間的寬闊感與創造書房，將書房與餐廳合一，同時也與客廳相鄰，為提高書房的比重，特別規劃書架與陳列架相連，取代一般的餐具櫃，而且採取回字形動線設計，讓公共廳區與私密臥房形成自在且寬敞的走動空間。圖片提供◎德力設計

206／彈性使用的拉門活動區

鄰近學校的小公寓是屋主專門為了小朋友放學後能夠休息、作功課使用。廳區後方除了背牆外、皆能全開放的機能空間，與客廳形成環形動線，提供孩子活動玩耍的自在區域。圖片提供◎懷特室內設計

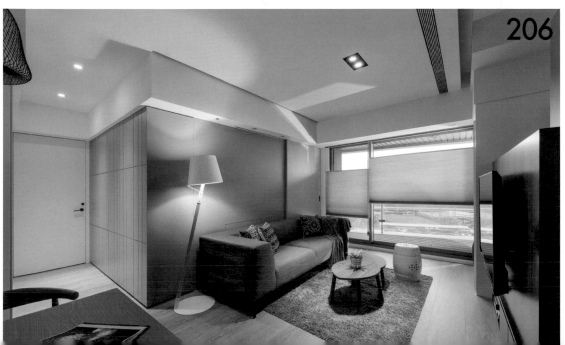

206

207

208

207／客餐廳對調延攬開闊景致

除了基本機能與收納的要求，屋主最在意的就是希望公共空間可以更為放大，於是設計師捨棄一房將空間分給客廳和餐廳，一方面考量座落於河堤的優勢，客廳與餐廳位置對調，可以一邊用餐一邊欣賞戶外美景，窗檯下設計了架高45公分的平台，視野更為遼闊也無障礙。圖片提供◎德力設計

208／電視牆讓開，空間更自由

用輕巧的電視柱與橫樑取代僵化的固定式電視牆，搭配可旋轉式設計好讓客廳與餐廳都可觀賞電視，同時也讓橫樑增加機能感、避免突兀性；而其後方的鐵灰色牆面則提供最佳背景，同時也掩飾了不可更改的綠色窗框。圖片提供◎六相設計

209／環繞動線，關注小朋友無死角

拆除原有實牆、設置活動電視柱作為住家主軸，全開放式規劃令廳區共享空間與光源，兩個小朋友可以自由活動，家長的視線穿透無死角；此外也讓屋主無論身處客廳、餐廳或遊戲室，皆能輕鬆看電視，享受自由舒適的住家氛圍。圖片提供©懷特室內設計

注意　將住家過道規劃為小朋友的遊戲區，切割塑膠地板組成天花與壁面的人字拼，打造質樸簡約的空間視感。

209

動線 將陽台外推做了機能型的空間規劃，利用一字型沙發及折門打造出靈活運用的區塊，可當作閱讀區或是臨時客房。

採光 運用嵌燈作為主要照明，再以玻璃石英磚、鍍鈦金屬和不鏽鋼等亮面材質的反射，提升整體亮度。

210／運用陽台外推的機能活化

利用書桌旁的小窗台規劃出閱讀區，提升了空間運用的機能。而陽台外推的位置則擺放了一字型沙發，將左邊的折門拉上就形成一個小客房，窗戶上的風琴簾也可用來調整光線，在既有空間中增加了可利用的功能區塊。
圖片提供©方禾設計

211／無隔間設計延伸空間範疇

以三戶套房打通的空間中，由於中央有電梯井的區隔，整體格局並不方正，因此透過無隔間的設計，客廳、餐廳和廚房合併，延伸空間範疇。廚房牆面不鏽鋼鋪陳，表面光滑類似鏡面，與電視牆的鍍鈦金屬框邊相呼應，亮面材質流露出太空科技的未來感氣息。圖片提供©國境設計

212

採光 在燈具等輔助光源的配置下,客廳、書房空間仍保留各自的凝聚力。

注意 鋪底的鋼刷木紋則向左延伸至音響區,除提供溫暖的氛圍,在電視木牆上還隱藏了進入主臥房的木門。

212／零動線融合客廳、書房

設計師以「開放空間」的設計邏輯加以配置規劃,特別一提是此宅的動線經整合後呈現「零動線」狀態,藉由設計手法將動線巧妙地納入空間佈局,客廳、書房便運用「折門」將空間加以定義與區隔,整體空間更形寬闊無礙。圖片提供©德力設計

213／建築系材質打造耍酷主牆

整個屋內除了電視牆後方的主臥房外,全室格局均做開放式設計,好讓雙面山景的空間感可以環繞家中。在客廳電視牆採用屋主喜歡的清水模工法灌漿,搭配下端鏽鐵的壁爐造型,以及LED藍光的間接照明,讓家呈現冷硬派的酷模樣。圖片提供©藝念集私空間概念設計工程

213

動線 直接用顏色及材質區隔出客廳和餐廳的空間，在動線上少了單一走道和隔間的劃分，整體動線也更為流暢靈活。

注意 和室架高約36公分的木地板設計一來可增加桌區乘坐舒適度，同時地板四周的下方也可規劃做收納設計。

214／以色塊切割劃分空間運用

將開放式廚房和客廳規劃在同個空間中，並以地板和天花板的顏色及材質切割出兩個區塊。而沙發背牆以白色烤漆、水泥複合漆、薄石材、金屬層板、以及木片等材質，拼接出展示收納及隱藏收納區，呼應了整體空間的視覺切割手法。圖片提供◎方禾設計

215／和室併入舒敞多元客廳

針對中小坪數的居家格局，不妨將和室做開放格局並且併入小客廳內，如此，平常自家人互動時可更無阻隔，遇有較多親友來訪時也可請客人分坐在不同區域，平行而立的格局讓交流更方便，同時和室區的採光也可順勢進入客廳中。圖片提供◎藝念集私空間概念設計工程

216+217／簡約優雅的玻璃書房

屋主是一位動畫工作者，回家後仍需要不受干擾的工作區，為此特別以玻璃與纖細的鐵件架構區隔出一間獨立書房，而其周圍則以清水模牆走道與梧桐木皮牆的材質表現，希望讓屋主視線所及的畫面可以更簡約優雅。圖片提供©蟲點子創意設計

採光 玻璃隔間書房的穿透感同時也讓客廳的視野與採光都有加分效果。

218

219

注意

除了書房，廚房更從角落挪移出與客餐廳結合，透過色系與材質的運用，給予舒壓放鬆的氛圍。

注意

餐廳旁有一間休閒健身房，其門片被融入主牆內，以避免門片線條影響主牆畫面的完整度。

218／摺門隔間帶來空間與機能的滿足

這是一間中古屋改造的個案，原始格局的配置不佳，客廳深度不足，加上走道狹窄，空間感顯得壓迫擁擠，設計師將格局重新整頓，打開客廳後方的書房隔間，改為摺門作為界定與連結，再將走道稍微拓寬處理，空間感無形被放大許多。圖片提供◎德力設計

219／隱約光影返照出時尚美感

開放的客、餐廳因二區的落地窗串聯，呈現出更明亮寬敞的大格局之美，而為了避免空間過於單調平乏，設計師特別將客、餐廳共用的主牆以條鏡穿插於白色烤漆的塊狀牆面中，並延伸轉至走道區，若有似無的鏡面反射與輕巧的傢具共構出時尚飄逸的空間感。圖片提供◎藝念集私空間概念設計工程

220／調整格局獲得大尺度視野

藝人范瑋琪的居家空間規劃，設計師運用柚木地板與 L 型奶茶色布沙發營造其簡單、素雅的氛圍。原本老房子的格局非常不好，特別是是客廳的大角窗，經過設計師謹慎的計算與嚴密的施工，才得以化解多角度設窗的難題獲得大尺度的視野。圖片提供©台北基礎設計中心

動線 客廳的大角窗，在空間利用上容易形成死角，加上入口玄關後方因為有柱子的關係，主牆面的角度難以拿捏，最後決定與窗面平行，避免空間浪費。

220

221

採光 運用軌道燈從客廳延伸到玄關和餐廳，能隨心意增設或調轉燈光，再搭配玄關側牆的黑玻有效反射光線。

222

動線 入門右側即配置餐廳，與半開放的廚房相連；左側合併客廳與書房，圍塑出公共領域區。

221／親子同樂的遊戲天地

由於家有幼兒，希望營造出親子共樂的遊戲園地，沿續原本的格局，在入門處設置鞦韆，位於中央的鞦韆與客、餐廳動線相連，形成 L 型的遊樂空間。天花樑體刻意裸露，營造些許的粗獷工業氣息。圖片提供◎國境設計

222／古典語彙形塑大器風範

客廳、餐廳和書房無隔間的設計，底定開闊大器的空間範疇，天花板運用幾何線板層層鋪疊，展現繁複的空間線條。書房背牆和過道形成對稱，邊角修圓的優雅設計，形塑歐式古典的高貴氛圍。圖片提供◎摩登雅舍室內設計

223

223+224／格局小卻呈現大格局

建商原有的動線規畫不佳,加上格局的開闊度不足,讓小空間看起來侷促狹小,廚房緊鄰著房間,走道能容納一人行走。設計師僅挪動了房間的位置,就將開放空間聚集在同一個區域,開放式的廚房,一應俱全的廚具設備,滿足業主喜歡下廚與好客的生活需求。圖片提供©白金里居設計

注意 開放式設計,會讓人對空間的界定感到混淆,延伸的實木線條,從天花板一直包覆到從至電視背牆,與餐廚空間做出區隔,也讓客廳和餐廳間場域的定義不再以牆為主。

224

225

226

225+226／**陽台植生牆綠景連上天際**

因為此間樓層位於17樓，一眼望去即是大肚
山天際線，設計師保留落地窗，於陽台設計植
生牆，讓綠景與天際線做結合，而將自然意象
連結入客廳。擁有日本血統的屋主喜愛日式簡
約的裝潢風格，超耐磨木地板搭配清水模塗料
的電視牆，簡單即是貼近主人個性與需求的設
計。圖片提供◎天境設計

動線 開放式設計將客餐廳連在一起，客廳部
分天花盡量做到底，而餐廳部分因有大
樑，冷氣主機也在此區，所以較為壓
低，也為空間做出間隔。

採光 沿著山坡而立的這棟建築，除了以開放式設計，並在每個空間都裝上對外窗，即使位於地下室的客餐廳也能讓自然的採光在空間中演繹發揮。

227／開放設計引光入室

這間以白色調為主，是有著西洋女婿的透天厝，將不規則的五邊形空間轉換成每一個驚歎！將樓上樓下區分公私領域，公共空間採開放式設計，引光入室是一大重點，左半部為客廳、右半部則為西式餐廚空間，女主人在煮飯時也能兼顧小孩的活動。圖片提供◎白金里居設計

228／以大理石電視牆做場域界定

設計師將公領域一分為三，劃分為客廳、餐廳、架高多功能室等三部分，配置一面電視主牆形成多功能室、客廳之間的界定，但讓牆面不做滿，使各領域可共享明亮採光，形成延伸視感。圖片提供◎明代設計

229／混搭色彩與材質的機能劃分

電視牆面以水泥複合漆打造，中間的黑色玻璃直條櫃放置視聽設備及防潮箱，在視覺上區隔了電視牆和左邊的木皮染色鞋櫃，天花板上方的燈帶也以同色打造，用色塊劃分區段的手法是這個空間的操作主軸。圖片提供◎方禾設計

動線 大理石電視牆不做滿，中間的開口不只讓動線流暢、視野開闊外，也為虛實之間找到平衡點。

注意 黑色玻璃直條櫃讓整體視覺更為平衡沉穩，藍色木皮鞋櫃則點綴出客廳的亮點，營造出空間中的活潑氛圍。

230

231

注意

每個空間都有其存在的理由，多元開放式空間在場域重疊時可運用天花或地坪做隱形區隔。

動線

格局重整後，空間圍繞中央的電視牆設置，開放式書房與客廳相連，並安排在入門處，一回家便能放下書包進行作業。而用餐區則向內挪移，與廚房合併。

230／巧妙間隔塑造開闊半開放場域

客餐廳與書房凝聚於一處的開放式空間，作為客廳、書房之間的半開放式屏隔，以簡約掛鐘裝飾牆面。而沙發後方則為餐廳，採以大幅素描人像掛畫，呈現出充滿藝術感的用餐場域，木質壁面旁巧妙設置了隱藏式推門，並以橫向線條加深空間尺度。圖片提供◎演拓設計

231／開放書房提升互動性

在人口單純的4口之家中，屋主希望有個和小朋友一起讀書的區域，因此在採光最好的公共區域設置書桌，開放式的空間不論人在哪裡都能注意小朋友的一舉一動。淺灰色的牆面和帶灰的深木色地板凝塑冷調氛圍，利用傢飾和畫作提升空間暖度。圖片提供◎Z軸空間設計

232／運用「刪去法」讓空間依喜好存在

「無拘無束，優游自在。」是屋主對空間的渴望，設計師以開放式的客、餐廳、廚房形塑整個公共空間。並運用「空間刪去法」跳脫傳統的思維，讓空間依喜好而存在，並擁有著可以交互使用的多元表情，餐廚與中島區不僅成為空間中的一個要角，經過細膩衡量後，餐桌區同時也是屋主的閱讀、工作空間。圖片提供◎明代設計

動線 考慮到公共的開放空間是屋主最常駐留的地方，因此將客餐廳與工作空間聚集於一室，將常駐空間極大化、並有效運用。

232

動線 將機能區沿兩側牆面配置，留出中央走道，無隔間的穿透設計行走順暢，視線無阻礙。

採光 以透明玻璃作為引入採光的一環，與木板相隔間，不僅營造出休閒的鄉村氣息，更加和諧了整體空間的樸實調性。

233／木紋與水泥的隱形界定

由於是住家與工作室的複合空間，因此以獨特有個性的工業風為主軸。公共區域採用 Loft 的無隔間設計，部分天花不做滿，拉高空間高度。右側的工作區則利用深淺交錯的木紋塑膠地板拼貼，與會客區的水泥粉光地坪形成空間的隱形界定。圖片提供 © 國境設計

234／琴聲迴響的客廳空間

屋主是教授音樂的鋼琴老師，在客廳的範圍內便規畫了另外一個空間，作為彈琴與教授音樂的場域。透過拉門的開關，可以隔絕與客廳的連結，若是有客人來訪，也可將拉門敞開，與人有更多的交流。圖片提供 © 尚展設計

注意 以樓梯一側作為電視主牆,保持空間深度。同時使用不規則木隔牆取代傳統樓梯扶手。

注意 空間選用多種鮮豔色彩,為避免視覺過於雜亂,每個空間穿插最具協調度的中度灰色作為整合。

採光 公共區域擁有大面開窗,採光相當的好,因此在人工照明部分,就選擇搭配投射燈、吊燈,在夜間能補足照明及營造氛圍。

235 ╱ 用造型樓梯串起住家機能

住家的每個機能場域如:廚房中島、餐廳餐桌、書櫃、沙發等空間,各自存在的不同量體形成住家空間多個迴字型動線,串起各空間的功能性及團聚情感,讓家人間都能自在活動。圖片提供 ◎ 明樓設計

236 ╱ 電視牆創造環繞生活動線

原本擁擠侷促的住宅,除了原本的三小房改為兩大房,設計師更將廚房隔間拆除,將光引入中央略微陰暗的餐廳區域,同時利用電視牆連結與區隔客餐廳,透過簡單的平面調整,動線變得流暢許多,也增加了間接採光。圖片提供 ◎ 十一日晴設計

237 ╱ 模糊空間定位開創生活定義極大值

家是連結家人情感的地方,越多互動的空間越好,基於此,設計師讓客廳、餐廳、吧檯,甚至是玄關區,都沒有做任何隔間限制,全開放式的設計手法輔以模糊空間定位方式,融合下廚、社交、娛樂與情感交流,更創造公共區域多功能的存在價值。圖片提供 ◎DINGRUI 鼎睿設計

238

239

238+239／溫暖現代風極簡線條

陽光總是美好的港都城市裡，光線和空間譜成一系列的對話。設計師將客廳、書房、廚房、餐廳和多功能室都納入公共領域，讓公共空間更為開闊，再以白色旋轉隔屏、中島、玻璃拉門劃分場域，保有該區域的功能性和未來人口增加的擴充性。圖片提供◎白金里居設計

採光 大開窗設計讓港都的陽光一覽無遺，露台鋪上幾可亂真的人口草皮，搭配樸實溫潤的塑合木地板，仿若城市綠洲。

採光 摒除直接照明，以活動式燈具和掩藏式的照明設備來營造居家環境溫暖且令人放鬆的氛圍。

240／運用留白陳述曠達居家

深褐色花崗岩的磚將空間風格化為厚重、濃烈，因此立面採淡雅的素色，只用黑色框線拉出簡單的幾何線條，調和兩者有如天與的的落差。而為了營造放鬆的空間，設計師運將客廳與餐廳連成一個開放場域，除了必要的傢具外不放置多於的擺設，讓留白的美感成為居家主題。圖片提供◎台北基礎設計中心

241／從客廳延伸出讓心小憩的空間

把三房兩廳的格局打散為一房一廳，並從客廳延伸出另一個休憩區，兩旁的牆面可活動變成門片，關上後就能在內專心打禪、不受打擾。
圖片提供◎森境＆王俊宏室內裝修設計

動線 刻意高於客廳地面的設計，能看到不同的視野，讓客廳區域擁有兩種視覺變化。

242

243

242+243／開放空間多功能使用

從事高科技行業的屋主夫婦，國際商務頻繁，
需要在自宅處理工作的比例很高，生活與工作
並行在同一居所，因此客廳開放空間除了休閒
外，一方面也是工作場域，沙發區運用靛藍色
沙發讓人坐上時能放鬆心情，相反的工作區域
則使用黑白色調整使用者的情緒，利用顏色的
轉換讓場域被明確的劃分又高度的重疊。圖片
提供◎台北基礎設計中心

注意 開放式場域設定能讓空間更高度被運
用，但界線不明有時會帶給居住者困
擾。利用天花、地坪與顏色的轉換，除
了能使設計更為有層次，也無形之中調
整屋主情緒。

244

245

244+245／跳脫空間坪數和隔間的既有印象

位於臺北市的精華地段，101俯拾即是，但僅有14坪的空間，採用開放式設計，並將所有機能裝進一堵斜向的櫃體，不僅做為廚房和客廳的區隔，正面是電視櫃、收納櫃，背面則是廚房電器櫃、烤箱以及內藏著可拖曳式的四人餐桌，用一櫃體滿足公共空間的所有需求。圖片提供◎白金里居設計

動線 斜向的電視牆量體，由採光面開始段落客廳空間，精算的角度解決垂直切割空間可能造成的視聽距離過近問題。

246／若隱若現才是開放設計的王道

開放式格局是目前室內設計趨勢，但並非所有空間都得完全敞開，讓空間有層次，才是開放式設計的王道。此空間於沙發背牆利用穿透的玻璃界定客廳與工作區，適度保有隱私，展現若隱若現的設計手法，不僅室內採光變好，也具有放大坪效的效果。圖片提供◎演拓設計

採光 開放式空間的界定運用透光材質，能讓採光升級，光線通透全室，也能讓視野更加開闊。

246

247

248

色彩

沙發背牆為工地常見浪板噴上鮮黃色調，讓整體空間的工業風格注入些許活潑生動的元素。

247／共享視聽娛樂凝聚情感

以休閒為主軸的住宅設計，揉合了實用機能與娛樂規劃，公共廳區透過木地板鋪陳，串聯起整體的休閒調性，電視牆則以白與咖啡兩種低調色塊拼接而成，搭配兩側紅色高級音響喇叭，成為空間最吸睛的焦點，一家人可以在此共享視聽娛樂。圖片提供©地所設計

248／旋轉電視牆連結客廳與書房

以360度旋轉的電視柱為空間連結的樞紐，串起住家的主要空間－客廳、書房與餐廳。書房兼具餐廳機能、是屋主的主要活動區域，開放設計讓廳區呈現高度自由的環狀動線，展現隨興自在的生活態度。圖片提供©法蘭德設計

249／色彩定調讓客廳區域範圍更廣闊

細看公共區域的空間切割成較多區塊，為了讓視線不會感到凌亂，設計師運用藍綠色來做定義，像是在沙發背牆、玄關、樓梯過道空間等，都運用該色來做鋪陳，視覺看過去會感覺空間為一體，但實際使用上也為多元、多功能。圖片提供◎浩室空間設計

動線 將大小不一的空間藉由色彩整合在一起，為了不影響使用上的自由度，各個空間都有預留一些走道空間，一來留住各個空間應有的尺度，二來使用也更舒適。

249

動線 客、餐廳位置對調，一入門即經歷玄關、客廳、餐廳，規劃合乎家人習慣的行走動線。

色彩 在畫面經營上，巧妙運用樓梯的造型來提供餐廳鮮黃色的背景畫面，增加用餐區的活力與食慾。

250／拆除隔間，擴大公共領域

由於光線僅由兩側進入，中央較為陰暗，因此重新配置格局，拆除部分隔牆，讓光線深入，提升整體亮度並擴大公共領域的範疇。客廳主牆以造型壁爐凝聚歐式風格，再輔以線板雕塑空間線條，流露濃厚的鄉村氣息。
圖片提供◎摩登雅舍室內設計

251／以活力黃襯底的起居餐廳

為了提升餐廳的舒適度，特別增設一座起居座榻區，輕鬆的格局讓原本單純餐廳有更加多元的生活情趣，無論喝個咖啡或閱讀、聊天都更舒適。另外，餐桌另一側加入料理吧檯的功能，特別是熱爐與排煙機的設計可烹調輕食、火鍋，也提升了用餐的方便性。圖片提供◎藝念集私空間概念設計工程

252

252+253／低阻格局讓度假更輕鬆

為滿足度假用的休閒格局,將19坪空間以一大房的概念作開放設計,先將面河岸的景觀留給臥床區,並以階梯取代實牆做分區,而並配合客廳電視牆半高文化石牆與懸空木櫃與層板等量體設計,呈現出穿透、悠閒的空間感。圖片提供◎蟲點子創意設計

注意 客廳前後分別以文化石牆與木牆來強化休閒氛圍,而側牆幾何線條的展示層板則可擺放照片或收藏品來變化氣氛。

253

254

255

254+255／活用格局滿足更多機能

僅12坪的夾層屋型加上三角形的格局，讓空間利用更為複雜，為滿足機能特別將廚房開放，並借用吧檯餐桌作為客廳的背牆來活化格局，另外電視牆與主臥房之間則以玻璃隔間來放大空間感，同時輔以架高的地板差來強化領域感。圖片提供◎蟲點子創意設計

動線 為滿足主臥房與客廳雙邊收看電視的機能，特別設計可旋轉的電視架，讓小空間的生活享受不打折。

256

動線 以層遞的方式規畫格局，不僅能降低物品於視野內的水平，讓視線能夠直線延伸至室外，同時也讓室內空間多了些許趣味性。

採光 沿光線最充足的區域設置客廳，而廚房門片改用格子玻璃門，讓光線透入，使空間更為明亮。

256／緩慢遞減的平行高度

長形的空間格局，以水平視線延伸出去，結合了客廳與餐廳的機能，為了使視野能夠平行的挑望室外景觀，特別將平行的地面以層遞的方式做規劃，打造一層一層越來越低的空間格局，卻不失穩重與趣味感受。圖片提供©諾禾設計

257／縮減量體，留出空間餘白

重新整修多年老屋，延續原有的歐式風格，將玄關與餐廳之間的櫃體厚度縮減，同時擴大餐廳入口拱門，玄關、客廳和餐廳留出空間餘白，整體更為開闊。客廳背牆的拱門造型與餐廳相呼應，大地裸色的沉穩氣息為空間注入重心。圖片提供©摩登雅舍室內設計

257

258

（動線）將客廳、餐廳與廚房配置於同一直線上，減少彎折的行走動線，同時順光的配置設計，讓光線得以深入內側區域。

259

（採光）靠窗處的客廳有大量採光迎入，選用淺色系木作和磁磚，具有亮面反射效果的磁磚有效打亮空間。

258／弧形天花，暗示空間轉渡

由於為新成屋且坪數不大，因此不大動格局，客廳牆面以文化石鋪陳，形塑視覺焦點，沿窗設置臥榻，營造悠閒舒適的坐臥空間。弧形天花不僅修飾樑柱、隱藏空調機電設備，還具有暗示空間轉渡的意象。圖片提供◎摩登雅舍室內設計

259／強烈對比的空間色彩

整體空間分別沿牆進行配置公私領域，留出中央過道，再運用不同材質的轉換進行空間的過渡，有效區分領域。餐廳從地面到櫃體選用一致的深色木作，注入日式禪風的天然氣息；客廳主牆則以淺色木作和米色石英磚鋪陳，與餐廳形成強烈對比。圖片提供◎大雄設計

260+261／**210公分大樑轉作造型主角**

為避免屋高僅260公分，甚至最低大樑處只有210公分的問題影響整體設計，因此將低樑區以局部斜板包覆天花板後，搭配溝縫的間接光源設計成造型燈，可讓人忽略大樑突兀感，其它區域天花板則以軌道燈讓屋高保持在最高點。圖片提供◎蟲點子創意設計

採光 電視牆下的木地板是由牆後書房延伸過來，如此一來可使客廳與書房間連貫性更好，而地板燈光則可做為小夜燈增加氣氛。

262

注意 透過活動隔間的運用，可以讓空間更具多元的使用，反而更具坪數效益。

263

注意 餐廳櫃體以深色木皮為架構，細膩之處在於底部貼飾壁紙，層板之間的垂直線條加入鍍鈦金屬，強化結構性也令細節充滿設計巧思。

262／家就是Party舞台

兩戶打通的大坪數，以柱體為中軸線，在靠窗區分列兩個對稱書房，一處作為屋主的閱讀區，另一處則是兒女讀書做功課的地方。書房與客廳藉由架高地坪以及鏡面矮櫃作出界定，只要拉上可遮光、吸音的布幔，並挪移開單椅，客廳就成了辦活動的最佳舞台。圖片提供◎藝念集私空間設計

263／木皮天花板作為空間界定

55坪的新成屋住宅，屋主夫婦十分重視親子間的互動與交流，設計師特別將書房取消擴增為主臥房更衣室，一方面將餐廳、書房整合，並且和客廳、廚房形成開放無阻隔的空間型態，而這間房子的優點是沒有任何大樑，因此透過天花板材質的轉換，讓每個空間看似獨立卻又巧妙融合在一起。圖片提供◎地所設計

264

注意 不可避免的CD與DVD的收納,則安排在最不影響聲音傳遞的末端,讓聲音可以完美呈現。

採光 在通透的採光下,天花板內嵌式的燈光配置顯得純淨清爽,剛好與展示櫥櫃間接照明相互呼應,搭配大地色系的傢具軟件,讓整個室內充滿自然悠閒的調性。

264／客廳就是頂級音響室

對音響有專業素養的屋主,不僅選購了數百萬的進口音箱,包括壁面擴散板與天花板的吸音材質都來自國外,因此在客廳的設計上,音效是最重要的考量。包括音響線的配置,以及壁面、天花板材的排列規劃,都須精準到位,才能達到最佳效果。圖片提供◎大雄設計

265／以折疊門延伸視線

此戶擁有令人稱羨的戶外景致,但門窗配置卻無法與之呼應。設計師局部變更改變門窗的形式,改為可全開的折疊門,讓視線得以無線延伸,塑造室內與戶外連成一氣的待客空間。圖片提供◎奇逸空間設計

265

266

267

266+267／**窗外美景收攏在室**

40坪的新成屋，客廳採取一大片的落地窗，將窗外綠景收束在居主者的眼底，並巧妙地選用設計時尚簡約的黑色壁燈與駝色沙發，打造出充滿濃濃雅痞風格的廳區，不僅符合年輕屋主的需求，也相當適合夫妻兩人的居住空間。
圖片提供◎伏見設計

採光 藉由落地窗的採光，將廳區背後的小小閱讀空間完美整合在同一個空間裡，並有效提升開闊的視覺感受。

注意 客廳設計必須考量影音設備的管線及聲音傳遞的路徑。

採光 客廳位於採光最佳位置，而略顯採光不足的閱讀區，則以間照概念設計補足光源。

注意 書房仍有規劃拉門的機能，平常可維持開放，若拉上也能變成客房使用。

268／以影音設備考量優先的設計

由於屋主注重影音享受，為讓客廳成為7.1聲道音響的音響室，因此沙發的位置位於音效最佳的中心點，使環繞音響效果達到最佳境界；天花板規劃升降式投影螢幕；壁面櫃以簡潔俐落的白色烤漆面板設計，讓視覺凝聚在螢幕上。圖片提供◎大雄設計

269／壓克力燈化身為亮眼書檔

及腰高度的木化石電視牆，底座平台以同樣材質打造，並且90度角反折延伸至後方，作為廳區與閱讀區的分水嶺。書櫃中間的發光體，為白色壓克力燈罩結合LED燈，作為書檔兼照明用途。圖片提供◎尚藝室內設計

270／以沙發為核心的互動空間

客廳空間同時也是玄關、書房與餐廳的延伸，利用地坪區隔出玄關與餐廚空間，以沙發為中心點，向前可和廚房料理的媽媽聊天，向後可以關心寫作業的小孩，一家人的生活也更加緊密。圖片提供◎明代室內設計

271

注意

地面則採用石英磚，
電視主牆結合白色鋼
烤收納櫃。

272

注意

客廳主牆以香榭藍石
為底，石材的紋路與
霧灰藍色成了壁面最
天然的裝飾。

271／化機能為無形之中

和室平檯挑出，與客廳沙發整合，使空間之間的劃分無邊無界，融
為一體；平檯下方利用照明，強化抬升的視覺效果，使產生漂浮般
的輕盈。圖片提供◎無有設計

272／打造小型音樂廳

主牆不設電視（電視機移至另一個起居空間），而是改以6CD音
響主機取代，搭配造型喇叭、可隨意調整的情境照明以及皮革傢
具，讓家變成舒適質精的小型音樂廳。圖片提供◎藝念集私空間設計

273／運用傢具區分領域

庭園環繞四周，牆面皆開窗的開放設計，引入戶外綠意，使內外邊界模糊。內部的客廳、餐廚區也以傢具區隔，開闊的空間讓視野得以穿透。樓梯牆面以清水模鋪陳，天花板則以灰色烤漆與之映襯，有韻律的切割線條，呈現動感的視覺感受。圖片提供©大雄設計

採光 選用流明天花板，同時在嵌燈處加入玫瑰金的金屬映襯，營造自然光氛，與戶外光線一致。

273

採光 右方不規則的牆面內藏燈光，增添空間視覺感與 光影層次。

採光 雙吊燈同時滿足膳食與閱讀兩用的光源需求。

274／開放區域的定義與邊界

將客廳的沙發轉向，一入大門即可看見整座沙發區域，沙發後方為整面的自然採光窗。視覺開放的公共空間，協同天花的邊界定義客廳，並以電視矮牆隔開餐廳區。圖片提供ⓒ近境制作

275／以機動性為前提的傢飾配搭

客廳與餐書房以矮櫃相隔，維持著高度的互動性，一線形的訂製沙發組，外加一套可彈性移動的等高沙發，藉此增加擱腳椅因應空間調度使用的機動性。圖片提供ⓒ德力設計

276

[色彩] 多元公共廳區利用地坪與色系的統合，讓彼此更為協調。

277

[材質] 書牆以水管加上層板打造而成，無須花費太高預算又能達到氛圍效果。

[工法] 書櫃、書桌的角度，呈現水平和垂直的俐落線條感，個性化十足。

276／矮牆區隔讓空間更放大

開放式的書房空間，藉由超白烤漆玻璃矮牆分隔出客廳與書房不同的空間領域，書房後背牆更是以深色木皮與黑色玻璃為素材，搭配設計師挑選的兩幅花的畫作，妝點出書房的氣質。圖片提供◎演拓空間室內設計

277／投影機、書牆創造多元客廳生活

狹長型的40年老房子，客廳與廚房相鄰，考量房子的縱深有限，客廳並不設電視牆，而是以投影設備打造居家電影院效果，同時因應屋主喜愛閱讀、電影的喜好規劃一面書牆，讓客廳不只是休憩，也是看書、聽音樂的地方。圖片提供◎方禾設計

278／閱讀是生活的一部分

將沙發的位置稍微往格局中央移動，讓出後方的空間，隔成開放式書房，並且打造整面的木質展示書牆，搭配造形簡約的閱讀桌面，讓客廳與書房的機能完美結合，讓公領域充滿書香。圖片提供◎邑舍室內設計

278

Chapter

3

傢具提案

選用喜愛的傢具來妝點空間，透過富有設計層次感的選購角度以及思考空間關係的擺設手法，創造舒適感，為客廳帶來溫度。

279／矮背沙發增添機能性

長而低矮、方形的沙發表現出現代時尚感，由於少了兩側的高扶手，便可供屋主自由賦予創新的使用方式：可堆放物品，亦可成為抱枕，兼具實用與美觀機能，這種靈活的配置更大大提升了客廳的功能性。圖片提供©金湛設計

280／色彩配置展現極簡風格

傢具的顏色也是營造空間風格的思考關鍵，利用素雅的白色雙人沙發，搭配黑色的靠枕，以及黑白兼有的潑墨式地毯，強化出一種素淨簡潔的古典氛圍，並藉由較為隨意自在的傢具配置，呈現出一種慵懶卻不單調的生活空間。圖片提供©犬良設計

281／壁爐區打造視覺焦點

打破常見的客廳方正格局規劃，橢圓外型的壁爐區更柔軟了空間的線條，搶眼的紅磚設計更強化了溫暖的氛圍，彷彿將家人的情感凝聚在這個場所，可以隨意談心，也可以聊聊一整天所發生的事情，自由不拘束的壁爐區，讓生活充滿彈性。圖片提供©藝念集私空間概念設計工程

282／黑鐵門屏取代傳統佈局

可以自由開闔、左右滑動的黑鐵門屏，將傳統的電視牆形象一舉打破，本來固定無法移動的牆面，成了可隨屋主心意變化的物件，黑鐵材質的冷調屬性更表現空間的沈著與穩重，頗具設計巧思。圖片提供©AYA Living group

283／壁燈傳達溫暖氛圍

客廳通常是家中位置最好，也最舒適的空間，因此透過各種風格相異的傢具或傢飾，可以巧妙配置出屋主所喜好的居家風格，譬如牆面一角刻意擺置壁燈的作法，搭配沙發暖色系的色彩，反而成為客廳的畫龍點睛之處。圖片提供©極星空間美學設計

284／圓弧天花線條改造單調格局

深入思考客廳的意義，「讓家人可以在此好好放鬆」會是最好的解答，但客廳常見的方正稜線會干擾在此休憩的家庭成員，因此採用多元的圓弧曲線，便可解放原本略微僵硬的空間調性。圖片提供©森境＆王俊宏室內裝修設計

285

功能 為了呈現出更大的空間感，將工作書房也採開放格局，並將黑色拓採岩牆上的鐵件書櫃轉化為客廳的裝飾端景。

286

功能 客廳前後的電視櫃與魚缸均設計為雙面櫃，除了電視櫃後設有廚房電器櫃，穿透魚缸另一側則是玄關鞋櫃。

285／用溫柔的圓弧線條柔化稜角

現代的住宅多半以直線與方矩形作為空間的基本造型，為了改變這樣單調的格局，客廳除了加入圓弧導角的天花板、牆面來柔化了稜角分明空間線條外，1/4圓的造型沙發打破傳統方正傢具擺設的僵局，讓空間增添幾許溫柔氣質。圖片提供◎森境＆王俊宏室內裝修設計

286／走道保全大窗採光與優游感

這個客廳除利用魚缸與半高電視櫃來增加穿透感，更重要是因為不想落地窗被切斷而有凌亂感，特意將客廳向屋內靠攏，利用走道來保留了大落地窗的充分採光與優游的空間感，而可隨心移位的風琴簾則成為最佳光線代言。圖片提供◎蟲點子創意設計

功能 非制式的傢具搭配，在 L 型沙發旁搭配的是一張單椅，讓使用者可隨心情變換做使用上的靈活選擇轉換。

色彩 在沉穩的空間配色中，運用跳色手法，選擇單件傢具即能讓空間充滿生氣。

色彩 傢具的形體各有差異，沙發搭配可以完全斜躺的設計，灰色單椅的坐姿也較為輕鬆，讓屋主可根據活動選擇。

287／運用傢具搭配出空間層次與氛圍

客廳與餐廳雖無特別隔間，但利用傢具搭配的變化，製造空間區域的層次感，客廳以皮革沙發搭配單椅，塑造給人享受生活的雅痞味道；餐廳的餐桌椅則是以木質為主，透出放鬆質樸、放鬆的情懷。圖片提供©近境制作

288／自然風與經典設計共譜居家質感

以開闊的空間設計保留住優點，簡約的格局中，主臥外的牆面以美耐板與木皮拼貼而成的森林意象，加強自然氣息。小孩房以義大利木頭折門區隔，透通的玻璃讓視覺穿透，讓光線可以恣意灑入室內。全室以經典傢具名椅佈置，在自然的氛圍中，表現出空間中的設計質感。圖片提供©水相設計

289／多元傢具帶來放鬆療癒的氣氛

屋主十分重視生活品質，也喜歡在客廳聽音樂、看書，整體空間以沉靜的黑、白、灰為主，傢具配置也依循這樣的概念，再搭配一張經典名品單椅的咖啡色彩作為跳色，在低調寧靜的氛圍之下帶出律動感。圖片提供©CONCEPT 北歐建築

290

291

尺寸

由於空間有限,客廳邊几選擇輕便款式,平常可收於沙發側邊,釋放出寬闊舒適的空間感。

色彩

選用淺色系的原木茶几與亮黃色個人沙發相襯,搭配富有綠色意象的地毯,營造自然清爽的無壓氛圍。

290／用傢具與收藏活化色彩層次

這個家的男主人擁有收藏多年的公仔與旅遊紀念品,期待著能將收藏與空間做結合,也因此空間以大地色為基調,透過柔和溫潤的色彩,去襯托彩色公仔。不僅如此,客廳沙發也精心挑選格子圖騰,在素雅基底之下,提升居家的色彩層次。圖片提供◎甘納空間設計

291／散發自然氣息的原木茶几

在空曠的客廳區,屋主期望能以自然系傢具妝點氛圍,卻又不失休閒感受,於是選用具有多樣貌的裝飾性原木茶几,不只能隨意移動,搭配使用者習慣,也能作為椅凳,迎接來訪客人,同時兼顧多樣需求。圖片提供◎奇逸空間設計

292／大面窗、沙發共創視野與放鬆感

空間一隅緊鄰大面落地窗，地坪、牆面選用表面具深刻立體紋的素材，目的在創造原始粗獷的自然味，剛好與室外景相呼應；而擺的沙發，讓屋主能夠坐在此，無盡延伸的欣賞室外景致，為空間注入另一種放鬆感。圖片提供©DINGRUI 鼎睿設計

色彩 淺色系沙發傢具，配置到偏灰、咖啡色的空間裡，平衡顏色調性也為空間創造亮點。

292

色彩 住家以屋主喜愛的黃、綠、灰作為主要色調,再從這三色作發想,挑選出的傢具軟件自然能完美融入住家空間。

功能 電視牆下端刻意蝕化的鏽鐵電器櫃呈現出壁爐造型,而清水模牆左上缺口則為煙囪,最後上端以LED藍光克服清水模工法無法做到頂的問題。

293／黃、綠、灰是傢具挑選主色

設計師一開始便請屋主從喜愛的餐桌椅挑選喜愛的顏色－黃、綠、灰,之後在選擇其它傢具時,便從這些顏色當中去挑選,例如黃色沙發、灰色立燈、帶綠色掛畫等等,如此一來,不同空間也因為顏色而有了連貫的整體感。圖片提供◎馥閣設計

294／拋物線燈軟化硬派電視牆

為呼應清水模與鏽鐵建材打造的硬派電視牆,在傢具上刻意挑選了尺寸稍大的霸氣黑色皮革沙發,並以俐落的玻璃茶几作搭配,而拋物線檯燈的圓弧線條則適度地軟化整體空間的冰冷度。圖片提供◎藝念集私空間概念設計工程

295

色彩 黑色吊燈搭配白色茶几加上鮮紅色抱枕，展露現代風格。

296

功能 四方形的茶几由四個可獨立使用的部份組成，讓傢具線條延伸空間感及風格。

色彩 花型壁飾是由8片雙面布質零件組合而成，立體造型令壁面裝飾不流於平面而已，藍黑色彩整合軟件主色調，成為廳區的標誌印記。

295／幾何美型機能住宅

以圓形、弧形做為空間設計主軸，在牆面、天花、茶几、吧檯等融入圓的造型，簡潔現代的設計中隱含著柔美的線條，空間變化多樣。客廳區以旋轉電視與餐廳相鄰，視聽使用更便利。圖片提供©森境&王俊宏室內裝修設計

296／經典傢具混搭現代設計

近景的弧形座椅是義大利品牌「B&B」的 Mart 馬鞍皮單椅可調兩種斜度，由現代設計大師Antonio Citterio 設計，為全球第一座採用馬鞍皮的經典夢幻逸品。L 型沙發與茶几為空間設計師設計、訂製，在簡單中展現質感。圖片提供©近境制作

297／立體花型壁飾，點出空間主色

整合男主人喜愛的工業風與女主人的現代風，設計師選擇線條簡潔的 L 型布面沙發，黑、藍色的線條單品妝點其上，搭配木作、鐵件組構而成的茶几，以及造型仿若隨興摺曲的戶外用鐵件網狀單椅，完美融合精緻與粗獷。圖片提供©懷特室內設計

297

298

色彩 藍綠沙發的色彩由中島吧檯衍生而來，包括兩人坐格子沙發也依循相同色系，創造出搶眼卻又協調的和諧畫面。

299

功能 傢具美觀之餘同時需具備好清潔與耐用特性！米白沙發的布面材質是經過防潑水處理，屋主在挑布料時，當下直接潑水測試才決定使用。

298／彈性坐臥傢具打造無拘束生活

誰說客廳一定得3+2+1的方式，這個家在水泥基底中，妝點跳色軟件或古典元素，營造繽紛趣意。特別是沙發採隨興陳列的方式，可彈性坐臥的休憩，展現無拘束的生活型態，開放格局下並配置燈具點亮居家各角落，餐桌搭配量體式水晶吊燈，界定出不同領域的使用主題。圖片提供◎甘納空間設計

299／一體成形的沙發邊几

設計師為屋主量身訂作的矮背沙發，省略兩側高扶手、改為活動抱枕與平台，人多時充當臨時座位非常方便。背牆分為上中下三層，分別為油漆、清水模漆與石頭漆，內嵌不鏽鋼腰帶作連結平台，在米黃背景陪襯下對比出沙發的潔淨與優雅輪廓。圖片提供◎金湛設計

尺寸 以半高的電視牆設計，具有穿透性的設定，為客廳與後方的廚房區帶來更多交流與互動。

色彩 傢具色系有黑、有淺褐色，中性色強化低干擾的配色效果，也藉由不同色系的安排帶出視覺的輕重效果。

300／以微妙傾斜角度帶動新視野

在沙發與茶几的配置上和一般客廳無異，特別的是設計師在電視牆的角度上下了用心的巧思，以往後傾斜6度的設計，讓觀看者的視角可往下移動，營造出更寬闊的視覺效果，為視覺帶來更棒享受。圖片提供◎奇逸空間設計

301／木質與皮革的火花撞擊

空間調性走的是現代簡約中又結合自然味道，因此在傢具的選擇上，為了能與風格相呼應，除了配置皮革沙發、主人椅之外，還搭配以大理石為材質的茶几、以木頭形塑出的雕塑品，不同質地感受，擦出相異火花，也讓現代、自然味道能相互融合。圖片提供◎DINGRUI 鼎睿設計

色彩 以大地色沙發作為傢具主體，與空間色調相符，搭配鮮豔的黃藍色調，跳脫沉重的空間印象，也注入活潑氛圍。

色彩 淺色木質牆柱搭配大地色系皮質傢具軟件，在明亮的自然光線下，巧妙的用暖色調營造了一室的溫馨安詳。

302／精品沙發營造低調奢華

在大器開闊的空間中精心選配陳列傢具，採用 3-1-1 的配置，形成對襯排列。精雕細琢的 Poltrona Frau 沙發呈現低調的華麗感，邊角略帶弧線的造型，與歐式古典相映襯。同時客廳後方以書桌定義開放書房範疇，打造自成一格的閱讀天地。圖片提供 ⓒ 摩登雅舍室內設計

303／佈置空間的景深

站在開放式廚房石材檯面後方看向客廳、餐廳與琴房，白色牆面以開放櫃體的畫作做為空間底端的端景，Poltrona Frau 頂級皮革傢具圍塑出空間區域。梧桐木皮牆面對比素面石材電視主牆，增添視覺對比感。圖片提供 ⓒ 近境制作

304

功能 定調現代古典風格的情況下，選用歐式古典造型的沙發符合空間氛圍，臥榻的設置則能盡情伸展手腳，具有放鬆的功能。

305

色彩 以人的需求作為出發點，有效地將光線連貫，強調明亮、通透的空間表達，陽光打在訂製沙發上的碎花布面上，宛如到了南法享受度假氛圍。

色彩 不讓大自然專美於前，籐製沙發上的抱枕配色也以大地綠色搭配鮮豔花紅色調，讓裡外的繽紛色感更融為一體。

304／經典沙發彰顯奢華高貴

整體空間以現代古典為底蘊，刪減繁複的線板構造，改以對襯手法和俐落線條營造大器的空間氛圍。客廳選擇經典的手工皮革沙發，柔美古典的扶手和縫衍，散發出唯美的藝術氣息。並沿窗設置臥榻，坐臥都能欣賞戶外美景，圍塑優雅舒適的空間。圖片提供◎大雄設計

305／訂製沙發呈顯法式鄉村風

藉由建材和顏色的搭配傳達出居住者的理想生活，在客廳最搶眼的莫過於具有濃濃法式鄉村味道的訂製沙發，將南法的陽光魅力移植到屋內，完美體現出一種悠閒自在的生活態度。圖片提供◎亞維空間設計

306／光合玻璃屋內的繽紛時尚

這座以玻璃與鋼骨架構而成的光合玻璃屋內，自然無疑是最珍貴的裝飾品，為了配合眼前景致，在傢具配置上選擇以籐製戶外沙發為主角，搭配現代輕巧單品，讓自然與時尚人文完美結合，而天花板新古典燈飾則點亮浪漫氛圍。圖片提供◎藝念集私空間概念設計工程

306

尺寸 如果空間坪數不大儘量避免搭配 L 型沙發，會使空間感覺過於擁擠，不妨選擇一字型沙發搭配單人扶手椅，創造較為靈活的空間感。

工法 水泥粉光地面可藉由打拋、上Epoxy，讓縫隙較不明顯、表面更加光滑。

307／色彩與材質的巧妙平衡

空間中使用大量金屬質感的傢具，搭配無色系的灰牆與黑色木地板，呈現出較冷硬的質感，為平衡空間的溫度，並增加一些活潑的氣息，設計師選擇搭配羊毛混紡的黃色系沙發（FAVN—Fritz Hansen），藉由色彩與材質的調和，提升整體空間的舒適性。圖片提供©彗星設計

308／水泥粉光傳達濃厚工業風

50坪的樓中樓住宅，一樓公共廳區的格局略為調整，幾近開放式的面貌，站在走道可360度環視客餐廳、廚房與書房，音響視聽櫃選用貨櫃拆箱板搭配鐵件製作而成，可移動茶几則是屋主手作打造，加上水泥粉光地面、裸露明管的自然天花板，營造獨特的工業風。攝影©沈仲達

309

309+310+311／**白與灰配搭自然氛圍**

屋主本身對白色系有特別喜好，因此客廳便以
白色作為主色調，並搭配多彩的傢具，藉此擺
脫傳統居家的嚴肅感，頑渼設計以不同層次的
白色素材營造廳區的簡約面貌，再適度加入低
調的灰色沙發，讓空間擁有自然舒適的氛圍。

圖片提供◎頑渼設計

功能 可在廳區放置一些具有時尚俐落設計的
傢飾，以強化簡約居家風格。

310

311

色彩 傢具選擇以米白與原木色系為主，單純的基本色調與四面環抱的多彩壁面是完美組合。

色彩 整體空間色調上，維持在沉穩寧靜的大地色系，傳遞北歐居家訴求的自然舒適。

312／原木傢具成多彩背牆的絕佳配襯

廳區以海洋、綠意等自然主題為設計主軸，多層次的色塊成為空間的視覺亮點。半高的電視牆面令光線與空氣得以自由流動，並讓廳區形成小型環繞動線，塑造不制式的自在生活態度。圖片提供◎明樓設計

313／自然肌理傢具實現北歐居家

對於屋主喜愛的輕淡優雅北歐風，設計師則從選用傢具、材料、色彩選配著手；有著粗獷桌腳的小邊几兩兩一組，使用上更具彈性，也讓空間更為開闊，天花板亦捨棄繁複線條，採取裸露設計，實現簡約且舒適的北歐精神。圖片提供◎地所設計

314

314／揉合東西美學的人文住宅

在寬達150坪私人會所中，設計師將裝飾主軸放在傢具、花藝、藝品等軟裝配置上，以乾淨、優雅配色為前提，將東、西人文美感揉合於一室，並且透過簡化後的東方傢具造型，為現代空間注入委婉線條美感。圖片提供◎森境&王俊宏室內裝修設計

色彩 藉由白色紗簾、風琴簾在室內營造出明快光感，並使得牆上廣島原爆蕈狀雲水墨畫、木作老件雕刻等藝品有了更現代與柔和表情。

315／用傢具色彩描繪空間張力

空間除了可藉著點線面拉出張力，利用傢具色彩注入能量也是一種方式，以大面灰階電視牆為依歸的客廳空間中，配置一張紅色單椅，展現色彩的活力與熱情；一旁則是搭配米色沙發，藉由色彩有了變化，也展現出不同視覺表情。圖片提供◎DINGRUI 鼎睿設計

尺寸 客廳的空間色調偏重，為了突顯淺色傢具的存在感，特別選擇四＋二人座的大尺度的沙發，平衡整體比例。

315

材質 以鐵板作為櫃體結構，從視覺上來説可達到細膩俐落的線條感，對結構上亦是十分紮實穩固。

色彩 相近色的應用，能烘托空間性格，因此在客廳使用了帶黑、偏中性的色系，展現出相近色的和諧之道。

316／懸吊鐵件創造書牆與電器櫃

屋齡15年左右的樓中樓住宅，最大的優勢就是面臨三面好採光，然而空間也有許多畸零角落，設計師利用客廳前方的空間打造為視聽娛樂機能，捨棄實體電視牆，施作嵌牆的懸吊鐵件書櫃，電視以鐵件結構立於地面，書櫃右方柱體同時隱藏電器櫃，讓各種收納簡化呈現。圖片提供◎甘納空間設計

317／傢具鋪排陳述空間留白提案

設計者重視空間留白的想法，不過多的設計、陳設，提供使用能夠深度休憩的環境。因此可以看到在客廳區裡，主人椅、沙發、桌几……等，有秩序地安排其中，甚至也能隨景觀視野做位移，做到讓留白提案的設計想法能與傢具做扣合。圖片提供◎DINGRUI 鼎睿設計

318

功能　沙發作為客廳與書房的過渡量體，是由設計師親自規劃，無把手、四邊皆可坐的靈活性，大幅提升空間使用的便利性。

319

尺寸　由於屋主夫婦年紀輕、對傢具款式接受度高，沙發選用矮背款式，降低量體比例，能有效減輕空間壓迫。

功能　空間中刻意加入了多張茶几，不管是屋主、來訪友人，都能夠在隨興使用時，做移動調整。

318／四面皆可坐的超自由沙發

縈繞著淡淡Loft氛圍的客廳空間，利用主牆保留的原始板模壓痕、天花水泥與管線裸露，點出住家主題，在容易碰觸到的地方則仿其顏色、用細緻材質取代。書房懸掛屋主從國外買來的燈管造型吊燈，與兼具質感的輕工業風形成完美組搭。圖片提供©金湛設計

319／矮背沙發減低立面量體的壓迫感

屋主職業是醫生，期盼回到家後所接觸的空間表情能夠較溫暖活潑一點，因此設計師將整體住家空間以白漆、文化石、染灰木皮等灰白色調勾勒框架，加入亮眼的橘色茶几與色塊地毯點綴，輔以暈黃燈光，營造住家溫馨舒適氛圍。圖片提供©相即設計

320／不成套現代經典傢具搭配之美

客廳具開闊、大器的空間感，在白色牆面鋪陳下，創造出最大的開放度，讓電視牆、經典傢具等適得其所。現代經典傢具以不成套方式擺放，但色調均為深色系，一展沉穩空間調性，風格也更趨一致。圖片提供©近境制作

320

功能 沙發兩側設置櫃體和邊桌，順手可及的高度可作為書本、器具的臨時置物平台。

功能 刻意不封板的天花板設計讓空間有拉高效果，而裸露排列設計的管線與小客廳的氣氛也頗契合。

321／雋永不變的美式印象

客廳以完美的古典對襯設計形塑鄉村風格，搭配文化石的鋪陳，粗獷的紋理更凝聚出古堡的雋永印象，流露舒適的暖感氣息。扶手單椅和沙發抱枕選用相同圖案，形成統一視覺，經典傢具造型展現美式風格的細膩質感。
圖片提供◎摩登雅舍室內設計

322／小客廳就是要嘟嘟好的尺寸

因全室僅有9坪，所以在客廳傢具的挑選上要特別注意尺寸拿捏，避免過大沙發或茶几讓空間更形窘迫。建議主傢具可挑選溫潤大地色系，再搭配鮮豔色彩的小單品可讓空間更有活力感。而文化石牆也特別漆上米白色調，增加空間的暖度。圖片提供◎蟲點子創意設計

323／鮮艷沙發展現個人特質

13坪的挑高小屋，運用溫潤木質和白色為基調，沙發特意挑選了一個鮮艷的顏色—藍色，除了成為活化空間的重點色調，也帶出屋主鮮明的個人特質，而茶几的選擇上，則是以穿透性線條造型，避免造成壓縮空間感。圖片提供© 實適設計

324／以屏風裝飾壁面調性

由於屋主期望室內能以美式風格作為配置，設計師便選用了帶有濃厚鄉村色彩的傢具與傢飾來點綴，以帶有古典圖騰花紋的屏風來為整體空間打底，充滿復古調性的茶几，更為室內氛圍增添上一抹文雅寧靜的氣質。圖片提供©尚展設計

功能 沙發側邊搭配的閱讀輔助燈，獨特的造型有如懸浮在空間中的立體雕塑品，又能創造獨一無二的氣氛。

色彩 整體空間選擇色調較為穩重不鮮豔的色彩來做搭配，以米色、褐黃色來打底，再透過紅色沙發提升視覺驚艷度。

色彩 由於屋主年紀較長，設計師特別選擇金色裝飾品作點綴，平衡灰色調、達到提升質感功能。

功能 天花板捨棄主燈，改以間接光元與氣球組燈在客廳旁達到補光作用，同時也增加幸福小確幸的氛圍。

325／金跳灰，沉穩空間質感up!up!

為了營造沉穩的廳區氛圍，空間主要以灰色調為主，同時傢具隱隱與硬體相呼應，例如臨窗小沙發後側採用與右側隔屏酒紅皮革相近設色；石材、小茶几與普羅旺斯洞石主牆等，讓軟、硬體能充分融合。圖片提供©馥閣設計

326／彩色氣球燈點亮幸福小確幸

考量屋主的風格喜好，在屋內斟酌加入美式與鄉村的設計語彙與自然材質，讓空間呈現出溫暖調性，同時又力守現代簡約的明快視覺，創造專屬於屋主的獨特風格，而繽紛色彩的傢具、燈飾則讓畫面更顯討喜。圖片提供©六相設計

色彩 沙發是客廳最大量體，選擇好搭配的深棕色，能讓後續搭配單品傢具擁有更多選擇。

功能 為突顯新古典風的尊貴美學，除在傢具設計上可適度加入水晶點綴外，光澤感的絨布或皮革也是相當對味的。

色彩 可收納的折疊餐桌，選擇深色的木材作為應用，搭配空間氛圍，營造出清新日和的舒適感受。

327／**百搭深棕色舊皮沙發**

客廳以輕工業風為主題，紅磚壁紙打底作風格背景，有效降低施工費用與時間；沙發與茶几皆選擇有年代的老件，茶几特別以老行李箱代替，一旁搭配千鳥格單椅跳色，營造專屬屋主的獨特生活品味。圖片提供◎懷特室內設計

328／**經典色彩單椅的對話式擺設**

新古典風格傢具除了講究細膩做工、材質特殊外，那份優雅中不失霸氣的氣度更令許多菁英屋主為之著迷。設計師挑選紅、黑、白等經典色彩的單椅作對話式的擺設，搭配專屬圖騰的抱枕軟件，讓這客廳充滿自信美感。圖片提供◎藝念集私空間概念設計工程

329／**自體收納的折疊餐桌**

設計師特別將餐桌改造為可以折疊收納的樣式，當有客人來訪時，方便將另外一半的餐桌向上攤開，不僅能容納更多的人數，也能在不需要的時候，維持空間的坪數效用，將生活品質保持於一定水平之上。圖片提供◎無有設計

功能 純白沙發可依照需求，變化成3、4種不同的擺設方式，提供大坪數住家客廳的使用靈活性。

色彩 傢具以整體木質與白色為基調做為選色，白色系沙發呈現清爽舒適的效果。

330／舒適賞綠意，傢具怎麼拼組都ok

觀景客廳的設計主題，讓住家的主要空間不再被電視牆所困，完美的三面開窗優勢取代成為主要視覺焦點，享受四週綠意環抱的絕佳地理優勢。搭配可靈活調整風琴簾，適度遮蔽從社區步道而來的外來視線，保護隱私。圖片提供©馥閣設計

331／多機能沙發可坐可躺

北歐人重視使用者的便利與需求，在這個家的傢具配置上發揮得淋漓盡致，客廳沙發選用多機能款式，除了能坐之外，還能展開變成可躺沙發，帶來更舒適的生活，前端的茶几同時也能展開做為收納，以及讓桌面高度抬高使用。圖片提供©權釋設計

332+333／俏皮插畫化解難看電箱

開放的格局搭配白色文化石牆、洗白灰色沙發，以及漆白的木地板，映襯出簡單乾淨的白色電視牆，進而讓焦點被聚集在二個難看電箱上，但是經過設計師巧思地以模擬樹枝狀線條後，竟變成讓人會心一笑的趣味畫面。圖片提供©蟲點子創意設計

色彩 以白為主題的傢具配置，讓空間呈現出都會中難能可貴的簡單，而插畫線條則更突顯生活感。

色彩 不同材質要交互使用，為避免產生凌亂感，以同色系為主，好加強視覺穩定度。

尺寸 沙發傢具搭配上，以三人座形式結合兩張單椅，在使用時不只彈性，還能適需求做位置上的變換。

334／清爽與自然派，拿捏適度

擁大面落地窗的客廳，濾掉多餘的裝飾與符碼，透過百葉簾能與窗外綠植呼應，傢具除了選用米色布料沙發，營造濃厚的休閒味道外，還選配了同為米色的皮質單椅，清爽、自然氣質掌握得宜，完全不會因此搶去空間強調的一派自然。圖片提供◎近境制作

335／歐式傢具與工業風格的完美合奏

空間偏近工業風格，因此在傢具選擇上，設計者以歐式傢具來做搭配，無論是沙發、單椅、茶几，線條元素都較為清晰，像是椅中加入了鉚釘、扶手等，藉由這類型的傢具與風格特色較鮮明的工業風相呼應，帶來獨一無二的美感體驗。圖片提供◎浩室空間設計

336

功能　客餐廳平封天花板讓整體空間連為一氣，開展尺度，利用對應傢具的燈具鋪排，展現變化性。

337

功能　捨棄固有的長形沙發，採用個別的單椅安排成半圓形的傢具配置，不僅可隨意移動，也讓空間運用更為自由。

色彩　三組沙發材質分為絨帶緞面、亞麻混紡、平織，看似相同的白色色調中，隱隱表現反光、帶灰、細緻觸感等不同個性，令空間顯得自在不死板。

336／自由調配傢具更有彈性

考慮多人聚會的靈活性，設計師將空間化為平檯內外兩大區塊，使用活動傢具更能自由調配，地坪則為灰色Epoxy對應整體白色調。圖片提供©無有設計

337／單椅配置，空間運用更自由

為了偏好工業風的屋主，天花刻意裸露不封，展現原始的粗獷面貌，窗邊牆面則延伸水泥色系，採用深灰色鋪陳，一統空間視覺。無隔間的寬敞設計，巧妙運用屋主原有單椅和櫃體，刻意不額外配置長形沙發，讓坐臥更加隨意，也隱性界定空間領域。圖片提供©大雄設計

338／低調高質感，白沙發展現隱約層次感

開闊敞朗的90坪室內空間，運用深淺不同的木質設色組構出地壁框架，透露出自然無壓的居家屬性。大膽選用白色沙發與潔白窗紗相呼應，表達出對於空間設色的純粹之美，加上充足自然光源，室內顯得明亮大器。圖片提供©相即設計

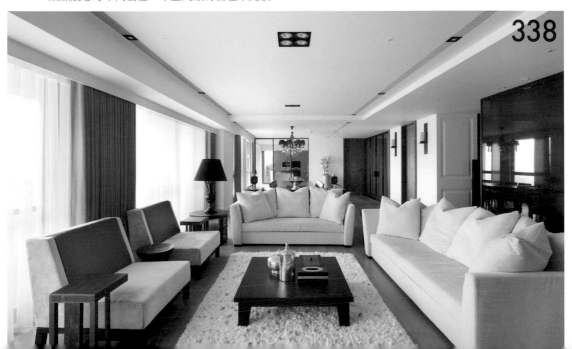

338

尺寸 沙發抱枕選用不同尺寸、形狀、圖騰、花樣與顏色，混搭出個人獨特風格的擺設。

功能 茶几選用Organic有機造型，以原木與烤漆交錯層疊，表達與戶外自然環境相呼應的設計理念。

339／大量留白，彈性打造生活面貌

北歐居家特色是會大量的留白，減少木作比例，而是選擇以傢具去呈現個人生活面貌，這個空間便以白色為基底，沙發主體選用灰色調，小型傢具如邊几以鮮黃色彩作為跳色，空間就很有個性與變化。圖片提供©CONCEPT北歐建築

340／有機造型茶几呼應窗外綠意

老別墅位於北投山區，在一番調整格局與修補之後，設計師以條狀木質建材與鋼構為主體，把原本挑空的客廳上方補上樓板，臨窗處側邊樓板特意保留化學螺栓痕跡，運用帶點工業風的小小粗獷，與自然材質的紋理表情，創造出專屬於這兒的自在悠閒氛圍。圖片提供©相即設計

341

色彩 新搭配的復古傢具木頭扶手與舊傢具色調一致，而綠色絨布面色彩亦延伸至窗簾，整體空間更為協調。

342

功能 沙發一旁搭配的方型邊几，桌面托盤和桌腳底架可分開使用，增加空間的機能性。

色彩 地毯與沙發選用相同色系，搭配上白色桌面形成鮮明對比，在巧妙以紫色毛毯點綴，讓空間充滿慵懶氛圍。

341／復古傢具展現新舊融合之美

重新整修的40年老宅，有著一家六口情感的記憶，於是設計師特意保留舊時代的磨石子地板，整體空間以新舊融合為主軸，客廳除了長輩們念舊想保留的舊傢具，也挑選日本KARIMOKU 60年代復古沙發和單椅做為搭配，讓空間散發獨特的老味道。圖片提供©十一日晴設計

342／墨綠皮沙發與灰牆烘托沉穩感

設計師透過木皮、牆色的運用，創造溫暖與沉穩互補的協調與層次的變化，也因此，客廳沙發特別配置軍綠皮革款式，這也是極為罕見的用色，以一種沒有距離感的沉穩，有溫度的沉穩，創造貼近生活的美感。圖片提供©實適設計

343／點綴蜿蜒而下的水滴燈飾

屋主於客廳選用了一盞相當具有存在感的水滴燈飾，不同於一般的吊燈，以拉長水滴的方式呈現，在地上也打造了一攤裝飾性水漬，營造令人為之一亮的視覺衝突感，也成功達到屋主所想要的獨特需求。圖片提供©奇逸空間設計

343

344

345

344+345／鮮豔抱枕點綴展露性格

客餐廳結合的開放式空間，天花以線性燈帶的延伸使空間在視覺上更顯寬闊，公共區域以和諧的黑白灰三色為主，加入綠意的植物與高彩度的裝飾品點綴，圓形茶几與皮質沙發圓角除了軟化黑白色系的冷調，更是照顧小朋友不易受傷的設計。圖片提供◎演拓設計

功能 設計師更將小孩的手繪畫作轉印在客廳抱枕，成為獨一無二的擺設。

346

346+347／能量色彩染出鄉村風溫度感

屋主喜歡帶點鄉村風的現代設計，因此硬體空間除了運用文化石牆、天空藍牆與木地板等，作出大面積且休閒亮眼的色塊與材質鋪陳外，鬆軟的布沙發與絨綠色的單品傢具則有如主角般成為營造氣氛的重要推手。圖片提供©蟲點子創意設計

功能 不只傢具，屋主的大型拼圖作品斜倚牆邊，隨手擺設的花瓶、小飾品都是風格的最佳詮釋。

347

注意 選用IKEA傢具建議選擇中價位以上的商品，相對品質會比較好，同時也最好交由專業組裝，可強化傢具的穩固度。

色彩 彷彿進入了充滿想像的空間劇場，繽紛的夢露桌用普普藝術攫住所有目光，石材牆面及線條明顯的天花板與電視櫃，搭配出層次多端的豐富性。

348／用傢具創造平價設計風格

這個空間以色彩和IKEA為設計元素，客廳由屋主選定的黃色雙人沙發展開，背景以較成熟且異國風情的土耳其藍去作襯托，搭配可因應階段採購的平價活動傢具，呈現出吸睛的視覺效果。圖片提供©十一日晴設計

349／混搭現代經典設計的大器古典

近景的夢露頭像餐桌面，採用安迪沃荷藝術創作以大圖輸出與強化清玻璃，吊燈來自丹麥燈具品牌Light Years知名設計。窗邊的現代燈具大作與端景牆邊的經典主人椅，不成套的傢具擺設，融入古典與現代精神的空間，共同成就大器空間。圖片提供©近境制作

350

功能 由於經常性家族聚會，配置大尺度的L型沙發，即便有客人來也坐得下。

351

色彩 在色彩樸實簡約的空間裡，沙發以無印良品風格作為搭配，選擇鮮明色系的傢具單品也是優秀的搭配手法。

功能 沙發後開架式書櫃兼收納櫃，上方可陳列蒐藏，下方則可收納。

350／適宜尺寸留出餘白空間

曾於國外留學的屋主，偏好簡約美式風格的居家空間，因此將30年的老屋重新改造。天花和壁面設計細緻線板，原本的方窗造型也因應改成圓窗，呈現立體造型。依照客廳尺度訂製L型沙發，穠纖合度的尺寸適度留出空間餘白。圖片提供©和薪空間設計

351／跳色傢具的自體收納法則

由於屋主家有尚為年幼的小孩，在客廳茶几的選擇上便有更多的顧慮，選擇這組三件式的跳色茶几，不僅有著圓滑的設計感線條，能為小朋友的安全更加著想，也能以大、中、小的體積達成自體折疊收納的功能。圖片提供©諾禾設計

352／開放與封閉，沉穩與輕鬆

全室鋪設偏牙色系的比利時進口超耐磨地板，整體配色採偏褐的大地色系為主，壁面、沙發、抱枕、地毯環環呼應著，營造出既沉穩又閒適的大器風範。圖片提供©尚展空間設計

352

功能 有別於以往的電視牆，這裡以不鏽鋼柱體來取代常見的電視牆，線槽及維修孔亦隱藏其中，令整體空間更顯輕盈。

功能 除了立燈、沙發的傢具安排，在地磚配色與窗紗的細節上也不馬虎，除此之外，枯枝圍籬的設計可避免建物下方較雜亂的地面景象。

353／專屬空間的訂製傢具

兩層樓空間，利用挑空的手法，鏽蝕鐵件延伸銜接兩層樓，創造出多層次豐富的空間感。而部份傢具是由TBDC為空間專屬訂製，令整體氛圍更顯一致，此外為了使得空間更有彈性，則特別以拉門以及玻璃取代傳統隔間牆。圖片提供◎台北基礎設計中心

354／一張沙發坐擁一座城市

這是一間位於台北市區的豪宅，由於窗邊恰可觀賞城市地標建築、高架橋車流與繁華夜景，因此，設計師特別為屋主在臨窗處配置一張獨立的美式沙發，搭配可放書、咖啡杯等小物的茶几，讓屋主可在此享受車水馬龍的城市景觀。圖片提供◎藝念集私空間概念設計工程

355

功能 在70坪的空間中，客廳坪數相對也大，因此透過三人長型沙發，並搭配經典單椅和大型立燈，展現大器風範。

356

尺寸 設計師特地選用「七」字形有如迴力鏢環形排列的沙發，在穩重的大地色系上流動韻律感。

功能 以雙人沙發為主體，再搭配幾張單椅和懶人椅，傳達可隨意坐臥的意象，創造出悠閒舒適的談話空間。

355／冷調都會空間注入一絲活潑

由於屋主喜歡帶有冷色系的空間氛圍，因此以鍍鈦金屬作為電視牆面，表面鋼絲線條與亮面金屬質感，凝塑現代剛硬的風格。灰黑色沙發延續冷硬調性，以亮藍色設計單椅作為空間亮點，增添活潑氣息。圖片提供©和薪空間設計

356／菱角與圓潤的角力

客廳是房子主題訴求的重要管道，這裡以現代風為語彙，替居家注入流暢線性脈絡，同時讓牆面結合展示機能，添加方框圖騰形成美感端景，而偶爾點綴的圓形元素，則柔化了陽剛的居家輪廓，展演出空間的視覺趣味。圖片提供©明代設計

357／如潑墨畫作的地毯流露活潑氛圍

從壁面到天花，採用不同深淺的藍，再以加高的法式古典門片，鋪陳高貴大器的空間氛圍。喜歡和客人互動的屋主，沙發和單椅位置相對，藉此增進對話聯絡情誼。傢具運用黑白兩色做對比，加上有如潑墨般的地毯點綴，增添活潑氣息。圖片提供©犬良設計

357

功能 藉由造型設計，淡化桌椅既定造型，讓傢具同時也具備界定空間功能。

功能 搭配古典、現代與中式傢俱的空間，讓美式古典更具深度，居家充滿無限可能。

358／可運動、可裝飾的多功能鐵件

電視平檯 L 型延伸，結合白色結構，界定玄關，同時也成為玄關邊桌與穿鞋椅；客廳上方牆面十字交錯的鐵件反應屋主信仰，同時也是攀爬的裝置，奇特的造型也成為空間注目的焦點。圖片提供©邑舍設紀

359／沙發側擺提升長型廳效能

捨棄與電視正面相對的擺設思維，將沙發安排在區域兩側，搭配款型迥異的傢具佈置把客廳一分為二；前半部規劃成有電視的區塊偏向社交使用，後半部則是閱讀區。不僅滿足屋主雙重需求，也順勢化解長形客廳安排不易的困窘。圖片提供©尚展空間設計

360

功能　雙人沙發搭配Paulistano的單椅，另外加上一字型的椅凳，ㄇ字形的配置能促進親友的交談對流，有效聯絡情誼。

361

功能　運用沙發曲線修飾客廳方硬的角落，也巧妙創造空間中的柔和氛圍，細看這裡的傢具軟件，儘管風格獨具卻毫無違和感。

功能　沙發背牆以幾何形錯層的設計，帶來立體的視覺效果。

360／大地色系傢具展露沉穩質感

客廳運用大理石拼花背牆與不鏽鋼電視牆相映襯，營造高貴大器與現代俐落的對比衝突，淺木色地板的溫潤調性為兩者做了完美的銜接融合。沙發和單椅選用具有質感的皮革，大地色系展現沉穩特質，窗邊則放置低椅背的長椅，與整體的穿透設計相呼應。圖片提供◎大雄設計

361／抽離色彩情緒的簡單純淨

為了將塵囂干擾降至最低限，空間設計回歸簡單純淨，彷彿俄國藝術家Kazimir Malevich的單色畫作，「抽離一切色彩情緒，純粹強調物件的造型與觸感，體現抽象主義的極簡精神」。圖片提供◎水相設計

362／現代而簡約的新復古風情

屋主喜愛簡約風格的設計，但又不希望居家空間過於冷調。客廳材質除選用大理石搭配之外，也刻意將典雅而略復古的菱格紋木飾櫃作為視聽設備櫃。圖片提供◎演拓空間室內設計

362

363

364

363+364／全木環境打造自然舒壓氛圍

採光佳、又有山景的10多年中古屋。在「自然」的主軸下，大量使用木頭材質的建材，營造清新、不造作的氛圍。全屋鋪設實木地板，當赤腳踏在地板上時，能感覺到溫暖、舒服、自在。而窗邊空間更是吸睛之處，造型簡潔的燈具長椅，形成有如咖啡館賞景談心一隅。圖片提供◎演拓設計

材質 客廳的電視牆以梧桐木皮打造，並設置了CD架，除了可以隨手取得喜愛的CD，也讓原本單調的牆面多了活潑的裝飾。

365

功能 窗邊座榻內部設計有上掀式收納櫃，而向右延伸穿越玻璃後可達主臥區域，並延伸成為主臥書桌桌板。

色彩 沙發延續整體空間的色調，選擇清新宜人的米色系傢具，同時選用帶灰的綠色單椅，呈現成熟穩重的空間氛圍。

365／運用座榻調整窗型比例

考量客廳的窗型並非落地窗，特別加做了窗邊座榻來調整窗型與牆面的比例，讓窗戶有放大感；其次運用窗簾來遮掩鋁窗凌亂的線條。而在沙發旁則有纖細鐵件與層板所設計的書架，可滿足展示、收納功能又不影響採光。圖片提供◎蟲點子創意設計

366／香草色的柔和迷人空間

女屋主長期生活於國外，習慣了美式的溫暖居家風格，因此客廳運用濃郁柔軟的香草色調鋪陳全室，柔和線條的沙發和單椅予人全面包覆的舒適感受。統一選用帶有鄉村風格的造型傢具，搭配線板天花、百葉門片，凝塑空間的強烈風格語彙。圖片提供◎摩登雅舍室內設計

366

功能 依照牆面寬度選擇最適合的三人座沙發，L 型的設計留出讓手腳得以隨意伸展的空間，或坐或臥，調整出最舒服的方式。

功能 擺脫傳統方正的客廳格局，利用橢圓的牆面造型來展現出更有創意的傢具擺設，同時也可讓空間感更自由自在。

367／傢具定調空間主色

整體空間以藍色沙發為主體發想，定調為奔放自由的海洋色系，抱枕也以相同的色彩與之呼應。曾定居國外的屋主偏好美式風格，沙發背牆透過拱型的設計語彙形塑空間，並運用藍白條紋的壁紙一統空間色彩。圖片提供©摩登雅舍室內設計

368／橢圓壁爐解放了僵硬擺設

在台北市郊難能可貴的別墅中，設計師為屋主打造一座可以生火取暖的橢圓壁爐，同時讓起居區的沙發以更自由的擺設方式環繞在壁爐區旁邊，透過溫暖的火光與質樸的紅磚牆面等影像，可讓家人的情感更緊密交融在一起。圖片提供©藝念集私空間概念設計工程

369

功能 落地窗邊以架高木地板來營造出走出戶外陽台的過渡區，同時與沙發右側長窗作出設計呼應。

370

色彩 除了傢具選配外，空間立面則由內斂灰色調的進口磚面，轉折至茶鏡、木質、優白玻璃令視覺層次豐富。

功能 設計師巧妙地以42寸超薄電視機及電視櫃作為分隔，還特別設計了一個旋轉底座，電視機可以360度轉動，創造生活樂趣。

369／輕盈美感更增北歐風靈氣

為了營造屋主喜歡的簡約北歐風，客廳主牆以簡單灰色烤漆木作搭配白牆作出有厚度與質感的色塊，再利用纖細鐵件作支撐設計展示架，並與懸空的木層板上下呼應，形成輕盈、但深具靈性美的特色裝飾。圖片提供©蟲點子創意設計

370／全訂製傢具吻合空間需求

湖水綠的椅套配上同色系的抱枕，色調悠閒舒適，搭配上螢光橘色餐椅畫龍點睛。設計師設計還巧手設計了白色置物邊桌，及箱型可收納的茶几，這樣全訂製概念讓空間機能更合用。圖片提供©白金里居設計

371／黑、白、咖啡色三色成就和諧優雅

客廳運用整面採光並以白色為主色調，呈現明亮的公共空間，而對於白天光線過猛的客廳，則以黑色地毯、灰麻沙發、黑色墩椅，黑色的電視弱化光線的刺激。再以咖啡色的窗簾、木製傢具、房門、床上用品等，平衡黑白強列的對比。黑、白、咖啡色三色的有機搭配終於成就家的和諧、優雅。圖片提供©台北基礎設計中心

371

Chapter

機能收納

客廳是一個家的門面，也是家人交流最為頻繁的場所，於是除了公用物件，私人的用品也有機會出現於此，如何將東西安置於無形，讓空間清爽不凌亂就是客廳的收納重點。

372／隱形收納

想要簡約的裝潢風格，減少過多物件的干擾，「隱形收納」會是你的愛用選項，最理想的收納便是將平常用不到的東西收起來，房間看起來也更為整齊、乾淨，因此配合牆面曲線所做出的活動拉門設計，靈活地將視聽設備藏起。圖片提供©明樓設計

373／展示收納

是收納櫃也是展示櫃，架上可以隨意放置屋主所珍藏的物品，不僅可以展示出個人品味，亦可透過藝術品營造出風格強烈的視覺焦點；兼具收納機能的櫃體，更大大的加乘了空間本有的實用性。圖片提供©耀昀創意設計

374／靈活收納

有時候散落四處的收納空間難免會讓人感覺不俐落，大範圍地在牆體上置入收納機能，並利用櫃體的懸浮式設計削弱厚重空間，搭配統一色系的佈局，御繁為簡，表現出簡約的造型之美。圖片提供©森境&王俊宏室內裝修設計

375／傢具式收納

「傢具式收納」即是放置在地面上或安裝在牆壁上的傢具，在設計之前須先預設好放置的位置，以保留牆壁等需要使用的空間，譬如書櫃或櫥櫃等，皆是常見的傢具式收納類型。圖片提供©洁室空間設計

376／牆體收納

將「牆體」作為放置傢具的空間，是聰明收納的第一步，尤其在坪數有限的配置下，轉角或是畸零空間就是不錯的選擇，加上留意動線的考量，更有助於提高整體收納的效率。圖片提供©明樓設計

377／整合式收納

在小坪數的空間要如何製造出最大價值的使用方式？「整合式收納」是為了有效利用每一個區塊，賦予空間的多元機能而誕生的巧思，鞋櫃、衣櫃、電視櫃三合一，創造出超高坪效的收納大法。圖片提供©法蘭德設計

378

材質 由黑、白、灰深淺交錯出靜謐雅致的視覺，和諧而不單調，大理石壁面電視牆是空間中的亮點，獨具設計巧思的燈具形塑出現代感十足的氛圍。

379

材質 利用皮革磚和實木貼皮原始肌理，低調地增添立面質感變化，同時又不破壞牆面希望呈現的極簡感。

378／選用獨特造型燈具，畫龍點睛

電視牆採卡拉拉白大理石，下方是不鏽鋼製平台。窗簾右側鏡子門片內是大型收納櫃，也是造型櫃，可放DVD、音響設備等，線路全部隱藏在牆內，空間簡潔不凌亂。左後方仿攝影棚效果的立燈，和電視牆前大牛奶瓶狀的燈具，在現代簡約的空間中，具有畫龍點睛的效果。圖片提供©金湛設計

379／內嵌電視手法創造擬劇院效果

此戶電視櫃以木作與水泥板最為基礎結構，然後採皮革磚拼貼鋪砌，內嵌平面電視的部份則採義大利柚檀實木貼皮處理，在空間美學的考量下，除了掌握電視櫃的比例畫面外，為了爭取更多的收納空間，左右兩側另設木作收納櫃。圖片提供©德力設計

380

材質 電視櫃以木作施作後表面烤漆，下方的展示平台
則以水泥塑型，空間融入木、石的自然原色。

381

材質 以收納機能為主的櫃體，運用簡單的溝縫創造出
櫃體門片的變化，簡單不失單調。

工法 利用具古典元素的線板，架構出美式鄉村風電視
主牆，並藉此虛化過於生活感的收納櫃。

380／懸空櫃體化解沉重

輕暖的大地色系作為客廳的穩重襯底，搭配白
色的矩形電視牆設計，下方則以水泥凝塑展示
平台，呈現低調又富有視覺層次的設計。懸空
的櫃體再輔以上下的間接照明，淡化了量體沉
重。圖片提供©大雄設計

381／化櫥櫃成為最美的風景

為了符合於屋主對於收納的高度需求，設計之
初便決定將整個電視牆面規劃為櫥櫃，但又不
希望僅是平面無把手的隱藏式單調櫃門，因此
利用高達3.2米的屋高優勢，發展出極具現代
特色的幾何造型設計，讓屋主擁有超強機能之
外，也能擁有居家最完美的風景。圖片提供©陶
璽空間設計事務所

382／虛實相映的收納櫃設計

依比例設計的壁爐電視櫃左右兩側以線板妝點
的是深40公分的木作噴漆收納櫃。壁爐與天
花板之間採木作內推處理，乍看之下完全無法
發現其實內藏巧思玄機。圖片提供©尚展空間設計

382

工法 利用內凹、拍拍手作為門板設計，讓櫃體立面線條保持簡潔、俐落。另外加入少量木素材元素，柔化過於潔白的白色量體，增添些許屬於家的溫度。

工法 電視櫃右側刻意不做滿，搭配壓花玻璃材質，加上門框也不做到頂，讓後方採光能引入客廳。

383／順應屋型的收納設計

由於屋型不方正，設計師利用收納櫃切齊空間，切劃出較為方正好使用的生活區域；呈現梯型的大型收納櫃，櫃體採用消光烤漆，低調的消光烤漆降低大型量體存在感，白色也能有效放大空間，並呼應整空間風格。圖片提供©拾雅客空間設計

384／異材質搭配創造系統櫃的變化性

屋齡40年的透天老屋，過去因木作隔間封閉潮濕，導致白蟻橫生，這次裝修因應屋主需求降低木作比例，因此電視櫃採取系統櫃取代，透過異材質的搭配增加設計感，同時也因應老屋的復古氣息挑選深色木皮作為呼應。圖片提供©十一日晴設計

385

385／皮革立面結合鐵件展現細膩度

重整廊道居中的制式格局，設計師以客廳、餐廳主牆立面，建構出空間主要佈局，垂直水平牆面構成的轉角，在界定空間同時也引導空間的連接。客廳一側為玄關延伸轉折構成的白色皮革立面，兼具實用的收納機能，將繁瑣的生活機能予以簡化。圖片提供◎水相設計

386／善用牆面，規劃便利置物空間

客廳、餐廳、吧檯運用開放式手法，讓不同性質的空間得以整合在一起，整體合而為一且又要符合空間現代、簡約的調性，因此在收納櫃的配置上，設計師選擇沿牆來做規劃，平均分散置物的需求，同時也能讓客廳環境維持簡約、大器的效果。圖片提供◎DINGRUI 鼎睿設計

工法 在乾淨的白色牆面之下，以鐵件線條的分割手法，讓立面更為細膩。

材質 無論是獨立櫃體還是嵌入於牆面的展示櫃，均以木作材質來做規劃，時而留住原色原樣貌，時而則是結合塗料展現純白模樣。

386

材質 開放式的設備與層架設計，適合偏好簡單收納的屋主作為使用。

387

388

387／弧線延伸化解非必要直角

全室地面全數採拋光石英磚鋪砌。電視櫃採木作導弧噴漆處理，櫃體一旁採開架式層板，其後是客房衣櫃，藉由導弧處理營造出流線的動態感，化解非必要的角度。
圖片提供◎明樓室內裝修設計

388／混材運用美型收納空間再進化

客廳後方的收納牆面以石皮裝點，搭配長形木板打造出的展示層板，下方還有木頭紅酒櫃，黑色鏡面旁也有一個大型展示櫃，整體空間的美型收納機能十分完善。圖片提供◎伊太空間設計事務所

工法 沙發背牆可擺放相框、書籍等較輕型的物品，大型展示物如雕塑品或花瓶等，則可放置在黑色鏡面牆旁邊的展示櫃。

389

材質 鏡面具穿透力的材質，不僅在視覺上可以強化空間的廣度，在溫煦的木材質襯托下，更突顯出空間的溫度。

390

材質 收納櫃下嵌T5燈管的間接光源，營造出輕盈的劇院級視聽空間。

尺寸 家中設計多為開放式空間，櫃體功能更加多元，因此將櫃體設計深度為40公分，不論是作為鞋櫃收納，或是一般家居用品、書籍等都很適合。

389／運用鏡面材質，豐富櫃體表情

將玄關收納櫃設計延續至客廳，讓收納功能統一整合於同一立面，為避免連續立面櫃體容易產生壓迫、沉重感，因此門板以鏡面與木素材交錯設計，一方面活潑櫃體表情，藉此弱化收納櫃存在感，成功轉化成妝點空間的牆設計。圖片提供©拾雅客空間設計

390／融入收納機能的小劇院設計

嵌入平面電視的電視櫃，以指接核桃木貼皮製作，大部份空間都歸入收納機能，少部份則預留空間以利後續電器進駐各種配線的安裝與後續維修。圖片提供©德力設計

391／仿若傾倒的櫃體造型

以簡約、俐落概念為主體的居家空間中，利用兩座對襯的白色系統櫃，中央則有倒臥的櫃體，視覺衝擊強烈的絕妙設計，成為空間矚目的焦點。櫃門採用折門的概念，不僅方便開啟也減少迴轉半徑的產生。圖片提供©Z軸空間設計

391

392

不同於一般居家，電視置於沙發正對面60度的活動電視牆面，讓客廳與閱讀區在使用上更為靈活亦不致過份遮蔽。

393

由於為斜角櫃體，為了讓收納空間更完整好收，兩側開放展示區則規劃成三角地帶，使櫃體中央得以圍塑出約深度50公分的矩形區域。

392／簡單實用大收納

大面書牆、沙發後的櫃體與儲藏室所設定的大量收納功能，讓公共空間的視覺複雜度減至最低，也將公共區域的所有功能簡化成最基本而單純的樣貌呈現，不只解決了台灣室內空間狹小的問題，也將提供了完整而流動的空間機能。圖片提供◎台北基礎設計中心

393／櫃體切斜角，弱化量體視覺

在採光不佳的房屋中，順光配置客廳位置，光線得以深入，並利用淺米色牆面提亮空間。善用客廳一隅設置櫃體，在櫃體做出斜角切面，弱化銳角形成屋宅線條的緩衝，同時也減緩佔據過多客廳深度的視覺感受。圖片提供◎摩登雅舍室內設計

394／全面收納男主人的娛樂起居

在專屬於男主人的視聽娛樂空間中，所有的規劃設計可以專為屋主個人量身訂做，除了沿著牆面設計有 L 型的視聽設備櫃與大容量書櫃，另外，左牆面則有自行車吊掛架，將屋主的嗜好與生活全都收納在這個起居視聽室中。圖片提供◎藝念集私空間概念設計工程

尺寸 由於只有男主人使用，不用刻意收拾簡潔，因此採用開放層板設計，並將重點放在精算的櫃體尺寸，讓屋主更方便取放。

394

395

材質 鍍鈦板形塑木柴擺放區，由於板材輕薄，又可拗折，塑造出來的效果簡約又俐落。

396

材質 屬於設備櫃的木皮立面增加格柵線條，提供電器設備做為散熱透氣。

395／從牆下所衍生出來的造型壁爐

客廳區沙發旁的一道牆，刻意不做滿，牆面下方以內凹方式結合黑玻璃共同呈現，內凹部作為壁爐區；一旁還結合鍍鈦板材質來形塑擺放木柴的位置，線條低調又簡鍊，讓壁爐設計充滿亮點。圖片提供©DINGRUI 鼎睿設計

396／櫃體整合，用深淺色調展現層次

為了讓客廳主牆的畫面更為純粹簡約，設計師將設備櫃機能隱藏於左側櫃體，與玄關鞋櫃、衣帽間予以整合，設備櫃牆面以重色系的木皮勾勒框架，對應轉折立面改為採用皮革繃飾，讓空間有了層次與深度變化。圖片提供©水相設計

397

材質 電視牆表面以壓克力漆刷飾,對於日後清潔保養都更為方便,髒污只要輕輕一擦就能恢復乾淨。

398

工法 面積較大的收納量體選用白色系,加上細膩的線條框架,釋放空間的尺度。

材質 櫃體選用深色木質紋路為主,局部搭配白色烤漆處理,讓立面富有層次與變化性。

397／雙面電視牆整合儲物與衣櫃

小坪數更應該妥善利用每一寸空間,也因此,屋內隔間以雙面櫃取代,電視櫃背後其實也是臥房衣櫃,而電視牆對客廳來說,則包含高櫃與大抽屜可使用,格柵處即為影音設備櫃,木平台下還能放置收納籃增加儲物。圖片提供©十一日晴設計

398／木色、純白櫃體創造舒適無壓感

透過材質與原木傢具帶出樸實居家感,客廳沙發旁透過木色、純白櫃體注入收納機能,同時也作為動線的轉折與區隔,客廳用色清爽,並在低矮沙發、桌几的搭配之下,創造出放鬆無壓的生活感。圖片提供©地所設計

399／孔雀藍襯底,收納櫃就像藝術

一進門的公共廳區,將玄關與客廳牆面的收納整合,並利用有如積木堆疊般的排列設計,加上選用大面積孔雀藍為主牆色彩,讓櫃子不再平凡無趣,反而創造出鮮明的個人風格,鮮豔大膽的配色,與捨棄過度裝潢的設計,也呼應北歐居家特色。圖片提供©CONCEPT北歐建築

399

400

材質 木作櫃加入不鏽鋼材質，提昇櫃體質感，同時讓單純的收納機能，變身成具吸睛點的特色收納牆。

401

工法 側拉櫃深度多落在90公分以內，一般採用重型滑軌即可，亦有吊頂式側拉五金，不過售價較高。

400／隱藏式收納櫃兼作造型牆

左側是白色噴漆玄關櫃，兼具開放式展示和隱藏式收納功能。開放式層架除了中間的是純木作噴漆，其餘均加收不鏽鋼鐵件，增添現代俐落感。沙發後是木作上灰色漆的隱藏式收納櫃，利用門板溝縫設計成一面造型牆。選用低背式沙發，在開放空間中，具有凝聚焦點的作用。圖片提供◎金湛設計

401／側拉鞋櫃＋上掀櫃體增加儲物

只有13坪的空間，一進門就是客廳，沒有多餘可設置玄關場域，然而實際生活機能還是得兼顧，設計師利用沙發旁的位置規劃一座儲物櫃，左側為側拉式設計鞋櫃，以深度爭取收納量，鏤空平檯下則是上掀式蓋板，內部同樣可儲藏物品。圖片提供◎十一日晴設計

工法 櫃體以不規則排列的書架做為立面的豐富變化與趣味，同時也給予實用功能。

細節 電視牆面下方設計內凹的開放式收納，用以收整視聽設備，內側以黑色呈現使視覺不會太過凌亂。

材質 檯面下的櫃體穿插使用黑玻璃材質門片，方便遙控內部的影音設備。

402／畫框式櫃體表現藝術美感

客廳一側看似為內嵌式櫃體，其實白色框景部分皆為儲藏空間，利用有如畫框般的立面處理，將機能化繁為簡，更推向端景的視覺效果。圖片提供◎水相設計

403／雙色櫃架構電視擺放位置

將客廳規劃在光線較為充足的窗戶邊，在入口處利用一道雙面櫃設計界定玄關空間，同時也是端景櫃，一面則作為電視牆，並留出單側通道搭配弧形牆面，以引導進入空間的動線。圖片提供◎森境＆王俊宏室內裝修設計

404／單一色系櫃體展現簡約美學

此案以極簡北歐風格為主題，利用水泥粉光牆面與磐多魔地板營造質樸的居住氛圍，尤其是藉由水泥粉光不規則、不均勻的手感刷痕，感受到自然的生活態度，廳區櫃體則是利用單一色系的系統櫃，回應屋主喜愛的簡約美學。圖片提供◎CONCEPT北歐建築

405

材質 由於壁面櫃體選用兩種不同木皮組搭而成，背景牆則刷上清爽的田園風綠漆，用以突顯木質櫃體的自然紋理。

406

材質 以木材質量身打造的櫥櫃，刷上單純潔淨的白色，搭配上細節處的雕花裝飾，為整體空間帶來美式休閒的鄉村感。

405／牆上的雙色積木收納

電視牆運用兩種深淺、紋路皆截然不同的白樺木與橡木木皮組搭成收納櫃體，表面經過鋼刷處理，所以在木皮上漆後依舊能表現其木紋質感。電視櫃、機櫃與置物平台等大小形狀各異的木作櫃體，就像積木一樣的隨興堆疊，讓空間呈現質樸的童趣情懷。圖片提供©明樓設計

406／隱藏於櫥櫃內的小空間

由於屋主對咖啡有相當的愛好，設計師便在客廳內設置了一處專門沖泡咖啡與清洗杯盤的角落，利用櫥櫃的設計，將設備隱藏於櫥櫃之內，不只是增添了便利性，也為空間做了一個完美收納。圖片提供©尚展設計

407

工法 電視牆刻意內凹設計懸掛電視，讓空間的立面更
為簡約俐落，每一個分割也隱藏儲藏機能。

407／電視櫃延伸坐榻與收納

住宅窗外有著美好的綠意景致，於是，設計師
將電視牆、櫃延伸至臨窗面，窗檯下既能擁有
豐沛的收納機能之外，45公分深的檯面也能
坐下來享受日光與綠意，而最內側的嵌入式櫃
體是書櫃也是展示櫃。圖片提供©十一日晴設計

408／側向立櫃設計釋放空間感

二房一廳的格局考量使用人口的單純，變更為
一房，受限於客廳深度以及玄關空間不足，設
計師於是利用沙發旁規劃一面立櫃，電視機櫃
便整合於此，釋放出流暢寬敞的動線，櫃體以
開放結合黑板漆滑門設計，避免過於壓迫，黑
板漆也能作為塗鴉留言，豐富生活趣味。圖片
提供©CONCEPT北歐建築

材質 電視牆運用天然梧桐木材質垂直延伸至天花板，
有延展屋高與修飾樑體的意義。

408

409

410

409+410／玻璃弧線兼具收納

獨立於居住空間以外的客廳，提供三五好友的交誼空間。其運用弧線往不同方向的發展，橫向串起動線，豎向整合功能，從大門開始，以流暢的弧線串起空間內的使用機能，牆面與櫃體延伸至天花板，發展成書架或其他陳列用途，而墊高的部分，則成為舒適的沙發與置物平台，達到最大程度的提高空間利用。圖片提供©台北基礎設計中心

材質 玻璃材質的使用讓空間的視覺穿透性增加許多，不會因空間大小的限制而有壓迫感。

材質 白色隔間櫃體上端刻意鏤空，以玻璃材質打造，讓光線可自由穿梭。

工法 透過隔間的深淺，來營造視覺上的虛與實，在規畫收納空間的同時，也為空間呈現出另外的展示角落。

材質 白橡刀痕實木皮為主結構的開放層架，中和深色木皮所帶來的沉重氛圍，反而增添幾分自然人文風味。

411／多元櫃體整合收納、傢具

這個家是夫妻倆的退休居所，喜愛水草的男主人，希望在家能隨時看見水草景致，因此設計師將水草箱整合收納、隔間，對客廳、書房來說有如窗景般的效果，不僅如此，隔間櫃亦延伸成為電視櫃、吧檯，弧形線條呼應水草的律動性，也巧妙將收納藏於無形之中。圖片提供©CONCEPT北歐建築

412／穿梭在虛實之間的收納櫃體

客廳的收納置入些許展示的概念，以木塊鑲嵌出空格來營造展示收納的位置，而不規則造型規劃出的多層次結構，不僅達到良好分類的收納效果，也能讓物品更具有展示的空間氛圍。圖片提供©尚藝室內設計

413／穿插深色櫃體，音箱外露不突兀

客廳在左側於樑下規劃一整面的轉角書牆，電視牆面則穿插規劃淺色白橡木與深色黑格麗木皮櫃體互相跳色，轉移下方一整排音箱的注意力。下方電視檯面內嵌印度黑燒面大理石，用以彰顯音響的質感。圖片提供©明樓設計

413

414

415

在展示平台的空間，不只使用木材質作為展示平台，也將其改造為抽屜，讓人有不同的收納選擇。

工法

由於電視藏於櫃中，上方需設置櫃內燈，避免照明不足、過於陰暗，影響觀看電視品質。

414／牆面延伸的展示型收納

取消了電視在客廳的位置，以長形的展示牆面做為替代，使用石材打底，營造樸實沉穩的空間氛圍，再以金屬鐵件點綴層板，並且混入木材空心磚來為材質跳色，將展示空間轉化為不單調的陳列區域。圖片提供◎尚藝室內設計

415／內藏電視的圓弧收納牆

一整面的弧形電視收納櫃，表面採用栓木山紋皮噴白漆處理，特意保留原本木皮上的山紋配合牆面曲線，能讓櫃體貼近自然紋理、更加靈動。將電視櫃融入整體收納牆面，與音響、遊戲主機等視聽設備，皆需要事先設定位置，預設所需管線與插座規劃。圖片提供◎明樓設計

416／三櫃合一，坪效大幅提升

住家總面積僅22坪，設計師特別將鞋櫃、衣櫃、電視牆整合在一處，讓屋主無論在玄關、客廳、臥房都能充分使用收納機能，減少空間量體與多餘線條，讓小坪數空間也能具備超高坪效。圖片提供©法蘭德設計

材質 電視主牆以銀灰色大理石營造高質感；下方懸空規劃搭配間接光、營造輕盈視感，平時可作擺放拖鞋之用。

416

工法 懸空書櫃利用鐵件支撐木梯，達到方便移動拿取櫃內書籍。

工法 不規則不對襯的櫃體設計、有展示有收納，更為空間帶來畫龍點睛的效果。

417／木色書香環繞全室

有大量藏書的屋主，捨棄電視選用大尺度的書牆圍繞，在假日能悠閒放鬆的看書，意圖創造書香繚繞的空間氛圍。書牆做到天花，下方刻意懸空，減輕量體的沉重視覺，運用活動梯方便上下收納。從櫃體檯面、陽台到沙發區架高木地板，不論是沙發或坐墊都能方便隨時坐臥。圖片提供◎和薪空間設計

418／收存回憶的旅人Box

享受單身、樂在單身的男屋主，嚮往自由，家，對他而言，是一個旅遊回來後可以放鬆、感到溫暖的地方。由於熱愛旅遊，因此男屋主總會帶回許多紀念品，需要一個可以展示與收藏記憶的地方，設計師在客廳設計一處不規則的收納牆，以此為「旅人Box」，透過它來為這個單身空間敘說故事，並延展出空間的設計主軸。圖片提供◎明代設計

419

工法 機櫃特別設計為推拉門的開啟方式，使用時能將門片完全打開，而不會令外掀門片阻礙通道。

材質 保留大面開窗，同時運用橫向木紋作為素材，讓光線隨著實木貼皮木紋向三面空間作伸展，順應彎曲樓梯照亮每個角落。

419／貼心推拉櫃門，全開啟不阻礙通道

由於住家空間小、縱深不足，因此除了下方一整道矮櫃兼具延伸空間線條效果外，立面收納改採用輕巧的鐵件層板吊架展示小物，電視牆右側則設置推拉門收納機櫃與外掀式門片櫃體，以及運用沙發左側畸零空間所規劃的90×120公分儲藏櫃，收納機能充足。圖片提供©相即設計

420／善用邊柱角落作收納書櫃

利用房子邊柱的轉角畸零空間結合窗台，規劃開放櫃體。櫃內設計活動層板，讓屋主可視需求調整格子大小、以便適應不同需求，可充當展示櫃或書櫃使用。選用隱約的鋼刷直紋，運用視覺技巧拉高樑下櫃體高度。圖片提供©明樓設計

420

工法 透過層板、層架，以不規則方式分割收納層櫃，作為視覺造型的同時，也讓展示收納更具趣味。

材質 選用木材來打造電視櫃，不僅能放入音響與其他物品，更有廢材再利用之巧思，環保又美觀。

421／完整書牆豐富心靈糧食的渴望

17坪大的空間中，以開放式手法打造而成的寬敞格局，客廳與書房比鄰而立，大面書牆配置其中，在滿足視覺影音的享受之後，轉個身，又能豐富心靈糧食的渴望，展演家屋設計的同時能富足居住者的身與心。圖片提供◎近境制作

422／老舊再造的電視收納櫃

設計師以廢棄木材再造，與電視相互呼應的電視櫃體。凹槽部分呈現對比狀態，不失穩重與對稱的比例，將電視置入其中，與一旁的木造書櫃相互呼應，營造出一股樸實平穩的日式和風氛圍。圖片提供◎無有設計

423

尺寸 櫃體看似不多，但設計者都有在深度上加強，至少是一本書本的寬度，在收納上都有足夠的空間能擺放。

424

材質 客廳櫃選用橡木鋼刷，規則的分割則是歐洲木質壁板經典樣式的呈現，不會因為時間關係讓木皮形式退流行。

工法 側邊鏡櫃為視聽設備的主要收納區，在不增加電視牆厚度的前提下，利用後方房間櫃體空間作收納，節省廳區空間外，更方便維修。

423／不同性質的收納規劃讓牆面更顯變化

空間以工業風格為基調，在收納表現上，除了一般常見的利用木作、層板訂製出來的櫃體之外，設計師還搭配了一個抽屜式的活動櫃，讓收納形式更多元，也能適度地將屋主個人收藏展現出來，帶出更具特色的個人品味。圖片提供©浩室空間設計

424／電視櫃延伸隱藏結構柱

電視牆摒棄制式語彙設計，不被框架所侷限，而是透過加法與減法的包覆，巧妙將結構柱隱藏起來，讓好看的書櫃壁龕延伸至整個客廳，也因為是修飾結構柱的關係，右側櫃體並不具收納機能。圖片提供©實適設計

425／鏡櫃俐落收整視聽設備

運用簡約手法妝點電視主牆，力求維持客廳空間寬度，將牆面以淺灰色大理石穿插白色漆壁面作條狀交錯，營造具變化性的清爽視覺，同時也與右側白色鞋櫃作呼應。下方裝設輕薄的不鏽鋼層板，展現俐落潔淨感。圖片提供©金湛設計

425

材質 鐵件能在輕薄的狀態下，作出較佳的支撐力，在這裡取代傳統木作作書櫃主要結構，讓落地櫃體呈現輕盈視感。

工法 玄關一路向客廳的牆櫃除了以白色調來達到減壓效果，櫃體搭配間接燈光的懸空設計也能展現漂浮的輕盈感，突顯造型美。

426／白烤鐵件書架展現輕盈面貌

客廳與書房採開放設計，共同分享明亮光源與整體空間感，落地書櫃就成為廳區的主要背景牆與收納區域。櫃體以白色烤漆鐵件作主要結構，搭配鏡面門片，賦予整個量體簡約輕巧的視覺印象，穿插搭配木質層板，打造宛如北歐風格的潔淨自然氛圍。圖片提供©金湛設計

427／流線感的漂浮收納牆櫃

為了滿足屋主喜歡大空間的要求，將客、餐廳、廚房均採用開放式設計，同時在玄關入門處與客廳之間的牆櫃上，利用獨特流線感的三角突出造型櫃設計，巧妙地避開大門望向落地窗的穿堂煞風水問題。圖片提供©森境&王俊宏室內裝修設計

428

材質 不同底色的櫃體設計，讓空間的色調更加豐富。

429

材質 以深邃的黑色木質櫃面為主體，輔以金屬、鏡面的冷冽透亮，平衡空間中的冷暖調性。

工法 櫃體部分結合門片形成封閉式，部分則作為開放式，提供生活物品不同的擺放需求，也讓櫃體看起來更具變化。

428／訂製櫃體強化收納機能

由於屋主有許多CD與書籍需要收納，而在收納物品的尺寸分類較多，設計師結合電視牆的設計訂製櫃體，滿足屋主的大容量設計。圖片提供©演拓空間室內設計

429／冷冽金屬點綴，刻畫俐落線條

客廳電視牆運用天然紋彩的洞石打造，如水墨般的紋理彰顯大器風範，下方簡單搭配大理石鋪陳的平台，暗喻影音設備的擺放位置。卡拉OK等視聽設備則巧妙藏於右側的牆面之中，深黑的木質牆面展露溫潤，金屬條的俐落質感點綴其中，刻畫不羈的空間線條。圖片提供©大雄設計

430／大尺度收納櫃發揮多重置物效用

為了讓空間看起來更加舒爽，設計者在書房區配置了大尺度的收納櫃，一部分可以作為書櫃使用，一部分可當作展示櫃，當從客廳角度看去，好似雙重空間融為一體，也發揮櫃體的多重置物效果。圖片提供©浩室空間設計

430

431

432

431+432／微風曲線整合多元收納設計

透過木皮噴白的牆面材質,以及柔美曲線設計,完美地營造出住宅的清新氛圍,從玄關區拉出式的透氣鞋櫃,到主臥門片、層板收納櫃,以及客廳的隱藏式電視、電器櫃,完美的設計將所有空間的機能都收納進美白牆面中。

圖片提供◎明樓室內裝修設計

工法 隱藏式門片不僅可以有效釀造空間的主題性,展現簡單的風格調性,更能削去擺放過多雜物時易給人的紛亂感受。

433

材質 電視牆面以山形木皮材質做出木地板的拼貼方式，創造搶眼的視覺焦點。

工法 為了突顯櫃體本身的美感與色調，牆面採用單純的白底色，但加入不等距的立體溝縫線條，則襯托出更有質感的畫面。

433／善用牆面厚度擴增收納

在空間配置上，設計師將兩房兩廳局部變更，捨棄一房並讓可遠眺戶外山景的窗戶留給客廳，電視牆正面為設備機櫃，側面利用牆體厚度整合中島餐廚的展示收納，整體材料搭配則以清爽解壓的淡色系為主，輔以重點的深灰色讓空間的主從關係更鮮明。圖片提供◎德力設計

434／藏有屋主故事的古董櫃牆

越是有故事的屋主，其居家表情自然越有特色，由於屋主居住日本一段時日，加上本身有許多古物收藏，因此空間除了以障子門展現強烈日式風格，眾多骨董櫃則被層層疊疊的排列在牆邊，成為最美麗的裝飾收藏櫃。圖片提供◎藝念集私空間概念設計工程

434

工法 電視、機體的線條可藏於磚牆與木作櫃體後方，保持廳區視覺的簡單潔淨。

材質 木櫥櫃採用橡木實木拼的鋸木紋板作門片，橫向立體的細膩紋路降低櫥櫃的壓迫感，轉而成為客廳的自然風主牆。

435／文化石搭配木色，北歐風電視牆

以文化石作為電視主牆面，塑造樸實潔淨的空間主調，同時運用木色層板搭配白色櫃體，組成線條單純的收納櫃體，營造仿若北歐風格的優雅簡潔情調。純白設色延伸陽台，拉大廳區橫幅、擴大空間感。圖片提供◎橙白設計

436／不露痕跡的收納堡壘

在大門右側除了有玄關鞋櫃外，並以木牆向廚房區延伸，規劃一間走入式的儲藏間，可以放置大型物品，也將難看的管道間藏在裡面；此外，廚房與餐廳之間的牆面設計為一高一矮的櫥櫃則可彌補廚房收納空間不足的問題。圖片提供◎六相設計

材質 收納櫃採用白色烤漆面板搭配黑鐵層架，搭配周圍的咖啡灰色牆面與懸空不落地設計，令量體更顯輕盈。

工法 層板特別使用LED燈光做帶狀設計，相較於嵌燈給予固定位置的投射，帶狀LED燈光的亮度更為均勻，又能強調水平延展性。

細節 面向廚房的牆面設置全嵌式冰箱，需事前在正面底部規劃進氣口及頂部留出排氣口的位置。

437／灰牆陪襯，純白櫃體好輕盈

木作主牆特別作了些許延伸，拉大客廳面寬，凸出一側規劃方形凹槽，模擬壁爐簡化意象，在此處可擺放畫作、使其成為廊道端景。沙發上方橫亙一道樑，設計師將天花包樑後上摺斜度，搭配間接光帶，輕鬆化解頭壓樑的風水禁忌。圖片提供◎馥閣設計

438／琉璃展示櫃隱藏投影設備

對琉璃情有獨鍾的女主人，希望將收納整合空間設計，設計師利用客廳與書房設置了兼具展示與隔間的櫃體，由於玄關處另有大尺寸琉璃的展示設計，櫃體背後採用灰玻璃材質，坐在書房亦可欣賞琉璃。圖片提供◎權釋設計

439／開放牆面收整影音與廚房家電

客廳與餐廳之間利用牆面劃分區域，並構成一個動線串連的半開放式空間，牆面同時扮演電視牆及電器櫃的角色，正面完全收整家中小孩所有的電視遊樂設備，背面則隱藏廚房家電。圖片提供◎森境＆王俊宏室內裝修設計

材質 刻意在空間色調裡加入灰階元素，讓簡約清爽的現代美感隨著色彩融入空間之中。

工法 在雙色拼貼的優雅窗簾與沙發旁，利用建築外牆柱體結構造成的畸零處，規劃有隱藏牆櫃，並以十字溝縫來取代把手，保持無瑕感。

440／主牆結合開放式展示櫃體

透天別墅以清爽舒適的美式鄉村氛圍做為主軸，客廳主牆是以灰色調文化石疊砌而成的壁爐概念打造而成，讓石材自然的紋理與色調在手工感十足的砌造方式下，展現質樸清新的美感，並於兩側建構書櫃、展示櫃，為美式空間注入人文氣息。圖片提供©權釋設計

441／一體成型的內嵌電視牆櫃

配合屋主的美學品味，以黑、白、香檳色搭配木、石質感的設計，共構出簡單大方的生活場景，而為了不破壞整體清爽視覺，電視牆下端採用一體成型的內嵌式設計出電器櫃，搭配矮檯面來滿足收納需求。圖片提供©藝念集私空間概念設計工程

442

材質 運用線板、百葉窗勾勒出鄉村風格的居家氛圍，沙發背牆則貼覆樹林圖案的壁紙，襯托出全白的收納層架，整體視覺更為豐富。

443

尺寸 透過內嵌的收納櫃體設計，讓客廳呈現簡單俐落的大器質感。

工法 白色線板櫃除了提供客廳區的收納外，靠左側二座櫃子則可放鞋物來補足玄關櫥櫃過少的問題。

442／滿足展示需求的開放層板

為了展示屋主眾多的紀念品以及各式各樣的公仔、娃娃等收藏品，在客廳兩側牆面都設計開放式層板，一目了然的展示設計成為凝塑居家氛圍的最佳點綴。電視牆運用線板鋪底，輔以柱頭修飾，鄉村風格語彙更為突出。圖片提供©摩登雅舍室內設計

443／實現三櫃一體的整合設計

這道電視櫃集合了三個機能，一邊是胡桃山形紋視聽機櫃，一邊是鞋櫃，另一邊又是廚房電器櫃。表面以木作與水泥板為底，再以半拋光石英磚拼貼鋪砌，地面則採煙燻橡木地板，營造粗獷的當代美式風格。圖片提供©德力設計

444／清新氣息的新美式風格

由大門進入後首先遇到有變電箱、柱子等無法變更的格局缺失，加上有鞋物收納需求，因此以柚木木皮與實木條作出格柵玄關櫃來遮掩缺點、滿足機能，而客廳則運用上下挑空的線板裝飾牆櫃來放寬電視牆的尺度，並且映襯出栓木洗白的清新木色。圖片提供©六相設計

444

445

工法 為了避免門片線條影響畫面乾淨度，書牆右側的小孩房，以及客廳沙發旁的主臥門均被隱藏於牆面中。

446

工法 挑高樓板以C型鋼為骨架，懸吊電視櫃則施力於C型鋼上，加強支撐力。

445／黑底牆木書櫃成為人文端景

為了提供給孩子更寬敞的遊戲空間，書房刻意未配置書桌傢具，僅有黑色底牆搭配木書櫃來示意空間機能，並將餐桌桌腳搭配輪子作為可移動式設計，好滿足各區域的需求。圖片提供©六相設計

446／層板設計，輕盈不厚重

在9坪大的挑高空間中，巧用木質元素作為風格基底，呈現日式禪風的溫潤暖度，再輔以鐵件收邊，展現俐落風格。電視牆鏤空且懸吊的層板設計，在小坪數的空間中讓視覺得以穿透，整體變得輕盈不沉重，有放大空間的視覺效果。圖片提供©國境設計

447

材質 以美式鄉村風為主軸,文化石為延續沙發背牆,白橡木皮轉折延伸同為書房、客浴入口,產生放大感,加上木皮染色跳色運用,立面更有層次。

工法 擺脫方正切割的隔間設計,圓弧形牆櫃反而可讓各區域藉由角度交錯來維持更好互動與一定分際,櫃體也因此更有變化。

447／電視牆是隔間也隱藏洗手檯

此案為老屋改造,考量屋主使用書房頻率較高,過去必須穿過客廳才能到書房,改造後,客廳與書房直接連成一氣,看似為電視牆的立面,更兼具隔間牆的功能,背後隱藏了客浴洗手檯,左側更利用結構柱體衍生出設備櫃機能,巧妙結合眾多功能。圖片提供◎權釋設計

448／用圓弧概念為牆櫃找創意

由於此別墅內大量採用弧形隔間牆,以及橢圓造型壁爐來做空間區域的界定,這樣的設計概念同樣運用在收納櫃設計上,如壁爐區右側有圓形剖切面的展示櫃、餐廳內有放滿米奇收藏品的主題餐櫃,個性的櫃體造型更見創意。圖片提供◎藝念集私空間概念設計工程

448

449

材質 電視牆下方設計視聽櫃，黑玻門片與白色櫃身形成強烈對比，而具有穿透特性的玻璃，不開門片也能隨時遙控設備。

450

工法 經過載重測量，以灰色鐵件作為櫃體材質，讓冰冷特質與溫潤木質形成對比，並透過薄鐵片的特性，使收納空間更大化。

449／圓弧櫃體展現柔和視覺

老屋格局重整，將客廳轉向位移，電視牆與衛浴合併，作為客廳與餐廳的中介。電視牆兩側和下方設計展示櫃體，櫃體邊角修圓的貼心設計，呈現圓滑柔順的視覺效果，也有效防止小朋友撞傷。整體鋪陳素雅淨白的空間氣息，展現現代俐落的風格。圖片提供◎國境設計

450／牆結合餐桌，還多了收納機能

為了提生公共空間的對話互動性，刻意將電視牆與吧檯作出結合，讓此牆具備視聽娛樂與用餐機能，同時在牆的表面嵌入收納展示櫃，切分出線條美感，此多功能設計不僅一物多用，更展現出量體與異材質材搭配之美。圖片提供◎近境制作

451

451+452／立體線條讓收納美得有態度

打開門後右側沿著柱子向內延伸的牆櫃先以鋼刷的梧桐木皮包覆來區隔出玄關專用櫃，緊接著連續有白色烤漆鞋櫃與電視牆，整面牆並以一貫的立體線條來整合畫面，呈現出簡約中有細節的質感設計。圖片提供◎蟲點子創意設計

工法 為了增加客廳採光與開闊感，將書房的隔間牆打開，搭配白色的電視牆在視感上更顯明亮。

452

工法 貓咪在這個空間裡，可以睡覺玩耍，垂直的設計，讓貓咪能自在跳上跳下，替換貓砂時的便利也是設計的考慮之一，連貓咪的乾糧都以美型收納藏於櫃體中。

尺寸 簡約的主牆設計以一道石材展示平檯點綴。

453／大容納櫃體不僅收納還是寵物小豪宅

以黑色基底襯托洞石、鏡面的俐落造型的電視牆，將屋主需求的大收納量納入設計。270度的櫃體，為原本的大型結構柱重新下了註腳，成了結合鞋櫃、置物櫃、廚房餐櫃的美型櫃體，以及家裡的小成員一折耳貓的家。
圖片提供◎白金里居設計

454／設備櫃隱藏於皮革磚主牆側邊

電視主牆不刻意施作造型量體，改由皮革磚的特殊視覺感受展演，搭配與沙發色系相同的珍珠磚地坪，營造低調奢華風印象。右側黑色烤漆玻璃門後則為隱藏式電器設備櫃。圖片提供◎權釋設計

455

工法 電視牆的鐵件格柵內藏管線，延伸至下方視聽櫃。右方的懸吊櫃則於角材處補強增加承重力。

456

尺寸 電視櫃與出入門片的比例拿捏精準而充滿黃金比例之美。

工法 具有裝飾機能的半圓柱櫃體，無論是燈光、造型與抽屜門、層板的線條都是空間設計的一部分，必須與整體牆面一併納作考量。

455／X形櫃體兼具造型和收納

長形無隔間的空間中沿樑劃分領域，鐵件格柵作為電視主牆，穿透的設計有效延伸視覺效果，右側櫃體的懸吊設計則延續輕透感。順應落地窗旁原始結構的畸零空間設置展示櫃，X形交錯的層板設計讓櫃體兼具造型和收納，成為空間的矚目焦點。圖片提供◎國境設計

456／機能之下的比例之美

客廳電視櫃與其後的次臥空間採雙面櫃設計。整體電視櫃以楊木實木素面材料，所有電器設備全數採內嵌方式，創造一體成型的空間立面。圖片提供◎相即設計

457／半圓柱櫃是收納，也是隔間

在開放的客、餐廳之間，半圓柱櫃恰可為兩區域作出分野，同時也讓空間視覺因此而有了端景的聚焦效果，尤其搭配寬敞牆面的線條設計，可整合門、樑等問題格局，當然，此櫃體也提供實質的收納機能。圖片提供◎藝念集私空間概念設計工程

457

尺寸 高120公分的電視櫃，既是界定又不阻擾開放式空間的視覺感受，而面向餐廳的櫃面則有深度40公分的收納功能，滿足餐廳收納需求。

尺寸 四面櫃的上方除了有柱狀造型裝飾，刻意採上空設計的目的是避免櫃體過高形成視覺壓迫感。

458／電視櫃既為界定又是收納

設計師因應家中成員將格局做重新分配，將原本的客廳改為餐廳，現在的客廳則是兩個房間打通而成，之間以黑色櫃體做為客餐廳的分界，一面以石材鋪陳為電視櫃，面向餐廳則為收納櫃體，實用機能滿分。圖片提供©天境設計

459／四面柱型櫃滿足多方需求

這是一座多功能四面櫃，正面對著客廳的是電視櫃，而背面則是大門進來的玄關櫃，而左右二側分別鄰近餐廳與樓梯，因此規劃為區域收納。整個設計的關鍵在考量各面向的需求與櫃體尺寸的拿捏，讓櫃體每一吋都被利用到。圖片提供©藝念集私空間概念設計工程

460

460／自然節眼展現空間層次

重新整修50年老公寓，利用裸露紅磚和水泥粉光地板延續舊時復古意象。本身是教授的屋主藏書眾多，希望在各個空間都能隨時取用書籍，因此客廳主牆設計大量收納，並以木質鋪陳，注入自然暖意，帶有節眼的木紋讓空間富有層次。圖片提供◎國境設計

461／灰白時尚，四米收納牆面

客廳、餐廳、廚房採全開放設計，加上電視牆櫃體從玄關延伸臨窗處，總長長達四米的面寬，令公共區域顯得開闊大器。下方不鏽鋼內嵌櫃體能臨時擺放視聽設備，設計師預留足夠的插座與接頭供屋主使用，不使用時機台設備則可妥善收納於壁櫃內。圖片提供◎金湛設計

尺寸 將書籍依尺寸分門別類，客廳的開放層架放置好取用的小尺寸書籍，中間設計尺寸較高的空間則可擺放藝術品或大開本書籍。

材質 電視牆同時為一整面的收納櫃體，白色鋼琴烤漆部分皆為門片，石材部分後方也有收納空間但無法開啟，需從旁側放置或拿取。

461

材質 在客廳地坪與臥房地坪，則是分別以熱處理橡木、古典橡木地板為主，深淺不一的拼貼鋪排，更為突顯其紋理、節點和特色。

材質 搭配鐵件格柵櫃，除了可讓玄關與客廳產生穿透與輕盈感，也方便展示收藏品，並與客廳另一面的屏風櫃相呼應。

462／不規則櫃體展示兼具收納

清爽、無壓、放鬆來是這個空間的定調，客廳空間不以電視牆為主體，反倒以沙發側面石牆上並加上不規則鏤空櫃體達到畫龍點睛之效，讓人隨意擺設的展示櫃體看來不經意卻達到擺設與收納的雙重效果。圖片提供©明代設計

463／珠貝光澤閃漾著時尚美感

介於客廳與大門之間的玄關櫃，肩負了界定內外、隱約遮掩與裝飾客廳，以及收納鞋物的櫃體等機能，為了完全滿足設計需求，在櫃體的表面採用珠貝材質與不鏽鋼收邊，呈現亮麗外觀，且外圍結合了鐵件隔柵展示櫃。圖片提供©藝念集私空間概念設計工程

464

464+465／畸零樑柱格局變聚焦端景

客廳遇到大樑壓境總是讓人覺得不舒服，但是如果可以將樑柱結構形成的畸零空間好好利用，甚至成為牆面風景何嘗不是美事一樁。設計師簡單地以實木層板設計展示書架，再搭配軌道燈光的照射，讓畸零格局搖身變焦點。圖片提供©蟲點子創意設計

工法 為了避免屋高因封板再被壓縮，將天花板上的管線重新排列並裸露出來，意外地與層板書架相當契合。

465

466

尺寸 在居家客廳書房和臥房等空間，常會在窗邊規劃一些觀景台座，為了座臥的舒適性，建議依照人體工學的角度設計在40～45公分。

467

材質 為了不讓龐大的櫃體顯得突兀，木作櫃體選用白色門片讓視覺感受輕盈，內部收納以活動層板區隔，可自由隨興依收放物品作調整。

466／結合多功能L型臥榻電視櫃

因為沒有陽台而決定不浪費空間，在窗戶下做具有收納功能的臥榻，取代陽台觀景功能，並呈L型延伸至電視下方成為電視櫃，窗邊臥榻採用上掀式收納，可將書報等雜物收整入內，而電視下方為抽屜式收納，可收拾遙控器、電池、家庭藥品等小物。圖片提供◎蟲點子創意設計

467／鐵件與木作成就客廳大型展示品

位於客廳的的這個大型收納櫃，為了讓其不顯得呆板並具有設計感，上下離地的懸空設計與白色櫃體令龐大櫃體擺脫笨重感，中間以鐵件做不規則層板放上擺設品，使收納與展示做了完美結合，也讓整體成為客廳的藝術品。圖片提供◎馥閣設計

尺寸 下方的電視機櫃採用40公分深度,才能容納得下市面上大部分的影音設備,而達200公分的寬度則讓整體視覺比例均衡。

工法 牆面同時也搭配可透光玻璃,藉由光線可穿透隱喻空間的存在,創造出寬闊的空間感。

工法 電視牆面以不同材質與立體設計讓立面增添豐富視覺感受。

468／不同材質暗示收納區域的轉換

為了隱藏電視牆後方的三支柱體,從玄關到客廳利用櫃體拉齊平面,收整空間線條,視覺更為一致。同時櫃面巧妙運用木皮和白色烤漆暗喻空間的過渡,明確將收納分區,物品各得其所。圖片提供©Z軸空間設計

469／雙面設計提升空間效率

在此小坪數空間中,設計師將客廳與臥房之間的隔牆以電視牆替代,牆面結合收納設計滿足兩個空間的收納需求。圖片提供©演拓空間室內設計

470／一體多用的電視櫃

電視牆整合視聽、收納與背面客房空間的衣櫃,一體多用。並巧妙利用一道端牆製造轉折動線,在不影響客廳空間的情況下,設計出玄關,一眼望去客廳、玄關與餐廳分別採木地板、霧面拋光磚、復古磚,利用地坪變化,區隔空間功能。圖片提供©馥閣設計

471

472

471+472／薄片石板增加收納美觀

電視櫃採隱藏式收納，左邊靠近入門處故規劃成鞋櫃，右邊則可放置書和CD。下方留了一條光帶，以燈光投射搭配空間擺放展示品，兼具實用和美觀。而電視上的灰色門片是僅有2～3mm厚的薄片石板，同時豐富了裝飾的選擇性。圖片提供©相即設計

尺寸 考慮有效收納物品的機能性，因此左邊鞋櫃單層高度約33～35公分，可容納大部分的鞋子尺寸；而擺放書籍和CD櫃體深度則約25公分。

材質 客廳牆面刻意選用不鏽鋼美耐板與餐廚區材質相呼應，讓整體空間統一素材。

材質 三種不同質感，包括帶有線板效果的黑色壁紙、黑板漆，以及染黑木皮，讓黑具有質感上的漸層差異。

473／完整櫃面適時隱藏空間結構

為了隱蔽電視牆後方的管道間，巧妙與櫃體融為一體，形成完整立面。櫃面的幾何分割設計，分別再運用黑、灰噴漆和不鏽鋼美耐板，異材質的搭配形成豐富的視覺層次。櫃體右下方刻意切斜角，牆面比例不顯沉重，更加輕盈無壓迫。圖片提供©懷特室內設計

474／不同開啟方式詮釋相異功能

左側展示櫃採用摺門形式，可彈性選擇開放或是闔起，貼飾黑色壁紙的右側櫃體，則是對開式門片。在一片黑之中以不同門片詮釋相異功能，令視覺富有變化。此外，有層次變化的黑，亦可淡化電視螢幕的存在感。圖片提供©甘納空間設計

工法 由大門延伸到底的收納牆面長度為10公尺，裡面暗藏各式鞋櫃與收納櫃體。為了降低單一小塊電視螢幕的黑色突兀感，抓出3公尺黑色展示架作為平衡延伸帶。

材質 深色木質櫃體營造出空間的穩重感，搭配電視牆櫃下方白色大理石材質的收納區，在色調深淺之間拿捏得宜。

475／10公尺超長收納電視櫃

從大門進入客廳後，就是完全開放的長型廳區，用材質、傢具、超長漆白收納電視牆面，甚至樓梯的鋸齒線條延伸，不強調以機能為主要考量要件，而是營造一種氛圍、游刃有餘的氣韻，帶給人一種出世感。圖片提供◎相即設計

476／異材質混搭為客廳創造變化

利用櫃體設計隱藏天花樑並作為電視牆，除了預留中央視聽管線位置，其餘門片之後皆有充足的收納功能，門片下緣以鐵件打造小把手，提升使用的便利性。在整面電視牆櫃的收納之中，跳脫材質以白色大理石框出影音設備置放處，使整體造型更具層次變化。圖片提供◎賀澤室內設計

477+478／輕巧樓梯改善格局增加收納

12坪的老夾層空間也能變身清爽明亮格局，關鍵在於樓梯的重新設計，將樓梯移至不占空間的電視牆後方，並以輕巧的鐵件搭配透光的玻璃來打造，讓光線引入無死角，而樓梯後方還可以利用層板作收納設計。圖片提供©蟲點子創意設計

工法 為避免影響動線，吧檯餐桌以折疊桌板設計，需要時才打開；另外客廳上方為主臥房，玻璃隔間也有助於空間放大。

477

478

弧形牆以木作修圓，並向內挖出凹洞，框邊利用線板勾勒線條修飾。

櫃體以錯落的分割設計，具有變化，也提供不同尺寸的物件收納。

479／內凹弧形轉角櫃柔化空間

重新翻修老屋，客廳天花採用簡單線條的線板，帶來屋宅的挑高視感。牆角採圓弧設計，做出內凹的展示端景櫃，柔化空間線條，形塑美式簡約的空間風格。沙發後方沿窗設置平台，形成獨特展示空間，展現屋主的絕佳品味。圖片提供◎摩登雅舍室內設計

480／開放式壁櫃與隱藏式走道

客廳背牆的木紋牆面，與橡木紋地板順向的橫向拼接，共同將空間視覺橫向拉寬。兩座開放式展示壁櫃，是空間「列柱」的一部份，牆面共六座展示櫃的層板切割各自不同。右方的開口正對著大門，平時以隱藏門藏起走道。圖片提供◎近境制作

481

工法 絨灰色沙發搭配淡灰背牆，加上淡雅藝術畫作，創造了一室的典雅品味，玄關櫃與照明則極巧妙的為空間作出區隔，也拉出了不同的視覺層次。

482

工法 半穿透的櫃體設計，下半段具有門片規劃，可將較為凌亂的物件收納於此。

工法 中央和式桌亦有特殊電動升降處理，不需要時可降至地面，讓交誼廳成為可睡臥的客房，或是孩子的玩樂區域。

481／玄關的雙面櫃設計

玄關的鞋櫃採雙面櫃設計，一面是鞋櫃，一面是收納櫃。表面分別採灰、烤漆玻璃、美曲板染色處理。回字型設計的鞋櫃，讓空間多一份穿透感，從玄關隱約可見客廳配置與書房設計沙發後預留走道，地面的黑色半拋板岩石英磚與戶外環環相應。圖片提供◎德力設計

482／對稱穿透書櫃拉寬視覺

電視主牆旁的大片霧玻璃光屏背後，是玄關入口。牆後一根柱子，致使客廳面積被鎖定。設計師於電視牆兩側安排半穿透書櫃，拉寬客廳在視覺感官上的深度。圖片提供◎近境制作

483／透明隔間讓空間感更放大

運用玻璃的穿透特質，打造零空間感的寬廣區域。三面牆面以烤漆玻璃處理，讓光線的層次更豐富。多功能室內特別將地面抬升40公分，讓室內地板之下可以收納各種生活用品及雜貨。圖片提供◎白金里居室內設計

483

484

485

484+485／將過大玄關變為儲藏室

原格局有玄關過大的問題，為了讓空間利用更有效率，除了先規劃有端景凹洞的玄關櫃及鞋櫃外，將後方鄰近客廳區域增設一間儲藏室，讓收納力大大提升。另外，由電視牆轉折至窗邊的 L 型臥榻則是一座複合式收納櫃。圖片提供◎蟲點子創意設計

尺寸　L 型設備櫃連貫至窗邊，轉設計為高40公分的臥榻，不僅增加客廳休閒座區，下方的上掀櫃也很好用。

486

工法 而開放櫃除了收納用途外,可以隨時調整擺放展示品,讓屋主自由變化室內擺設,使佈置變成一項生活中的樂趣。

工法 由於電視牆上方和左側有樑、柱,因此便依據樑柱深度,做出約20公分深的電視櫃體,不僅能包覆隱藏樑柱,也能具有機能。

486／開放式格柵讓嗜好成為美好生活裝飾

屋主希望有擺放大量書籍及展示品的收納櫃,因此利用客廳樑下牆面設計開放櫃,上下垂直隔板以斜角為修飾,並以色漆處理櫃體收邊,讓大面櫃體減低壓迫感。由於開放式收納櫃的位置在最常使用的沙發區,讓使用頻率提高,屋主也能花較多心思照顧。圖片提供◎彗星設計

487／加大櫃體,展現大器風範

這是一棟中古透天厝,由於屋主喜歡明亮飽和的空間色系,選用鮮豔的藍作為電視牆主色。同時將櫃體往兩側延伸,加大的電視主牆展現大器氣勢,無形中也拉大公共區域的範疇。下方則利用木色層板放置電器設備,開放的設計方便隨時使用。圖片提供◎Z軸空間設計

487

488

尺寸　櫃體以寬100公分、深45公分施作，大型展示品或書本都可容納得下。文化石牆下方設置上掀櫃，30公分的深度，有效隱藏零散小物。

489

尺寸　依照屋主需求和客廳尺寸製作寬150公分、高200公分的鞋櫃，不僅讓整體比例適中，並採用常見的40公分深度，收納考量周全。

488／美式語彙修飾櫃體

由於本身是老屋的關係，屋高較低且多樑柱，因此運用沙發背牆收整柱體，拉齊空間線條。以白色文化石鋪陳，加入十字架圖騰構成焦點，並在牆體置入收納機能。櫃體框架以柱頭修飾、門片加入線板，讓美式風格語彙融入其中。圖片提供◎摩登雅舍室內設計

489／一抹鮮黃，視覺更亮眼

有獨特想法的屋主本身喜歡沉穩深色的空間調性，因此選用墨綠色的客廳背牆穩定空間氛圍，再搭配草綠色沙發讓色系一致。一旁的鞋櫃則以深色木紋鋪陳，櫃體刻意懸空，減輕櫃體視覺感受，而鞋櫃四周簡單刷一抹黃色，呈現強烈的深淺對比映襯，讓原本平凡的櫃體成為最顯眼的視覺焦點。圖片提供◎Z軸空間設計

490+491／美麗木牆櫃滿足各區需求

柔和紋理的雪白銀狐大理石搭配梧桐木櫃,再加入下方白色烤漆設備櫃的組合,呈現出豐富畫面感的電視牆,同時也展現強大的收納力。尤其從大門一路延伸進客廳的木櫃特別以鐵件作出內凹式的玄關櫃,貼心提供出入門拿放鑰匙等小物收納。圖片提供◎蟲點子創意設計

材質 電器櫃採白色烤漆處理,加上懸空的設計減少重量感,可以讓整個畫面更輕盈有質感。

492

493

492+493／**可隨心情變化的層板書櫃**

為了讓窗外的美麗綠帶可以完全展現，設計師
先放大窗型，而室內則以開放隔間將書房納入
客廳場域中，並利用書房後長牆來設計超大量
的層板櫃，特別的是層板櫃內的量體均可依事
先內建的軌道輕易地左右移動，讓牆面風景更
有變化。圖片提供◎蟲點子創意設計

工法 電視牆除了將電器櫃設計在側面以免影
響梧桐木牆的完整性，主臥房門片也以
隱藏手法作設計，讓木牆的視覺更為壯
闊寬敞。

494

材質 以木心板訂製而成，同時選用百葉門片有效防止落塵。

494／古典對襯的收納設計

壁爐造型的客廳牆展現復古城堡意象，兩側運用古典對稱的經典語彙設計櫃體，圓拱造型流露輕柔甜美的氣息。櫃體刻意做出些微差異，營造視覺層次。落地窗選用百葉門片，不僅適時遮蔽陽光，篩落進來的光影也創造舒適優雅的空間氛圍。圖片提供©摩登雅舍室內設計

495／隱藏櫃體讓空間更清爽

客廳中央的碩大櫃體，選用象牙白橡木作為主要材質，下方區域為鏤空平台設計，中央處擺置暖爐，同一立面規劃了音響、裝飾物的陳列，讓整片收納牆面更多了輕盈而饒富設計感的視覺空間。圖片提供©白金里居室內設計

尺寸 因為櫃體龐大，所以運用白色系與下方鏤空設計降低壓迫感，而內面空間寬廣，除了可收納大型寢具、換季衣物外也可完美收納整理電器。

495

496

尺寸 整體為210公分長，45公分的深度能容納大部分的視聽設備，上掀式的滑門設計讓開關更便利。

497

材質 由於色彩較低調，不妨學學北歐設計的做法，擺張紅色的椅凳，立即為空間注入設計感。

496／百葉門片呼應風格語彙

弧形電視牆的柔和線條延續到天花板層層堆疊，再加上文化石鋪陳的牆面呈現深刻的紋理，為居家帶來質樸溫厚的氣息。下方配置淺色視聽櫃與空間色調融為一體，百葉門片有效隱藏影音設備，同時也回應鄉村風設計語彙。圖片提供◎摩登雅舍室內設計

497／融入設計感的北歐風空間

灰白色系的客廳中，捨棄多餘的裝飾，讓空間利用更具靈活性，以客廳一旁的腰櫃增加收納機能，將雜物隱藏於無形即可保持空間的潔淨。圖片提供◎禾築國際設計

材質 齊天地立面採用霧面石英磚，利用霧面低調特質展現空間沉穩質感又不失其氣勢，左右以深木色貼皮搭配，藉由深淺對比形成強烈視覺焦點。

工法 為了打造整體空間的簡約，卻又不會因為收納問題而顯得雜亂，此時電視牆上所作的內嵌式收納櫃，就成為設計的巧思之一，不僅有效增加收納空間，更兼具美觀性。

材質 從天花延伸到櫃體和門片，運用梧桐木染灰鋪陳全體，統一視覺效果。

498／仿壁爐而設多功能電視收納牆

仿壁爐而設的內嵌電視牆，齊天地的立面採霧面石英磚拼貼鋪砌，左右採木作劍岩實木木皮貼皮處理，同時利用電視櫃後空間設置視聽設備維修孔，並以推拉門設計右側為鞋櫃，左側為展示書架，兩座收納櫃下嵌T5燈管輔助照明創造輕盈感。圖片提供©德力設計

499／都會風的簡約俐落

簡約的色調，透過白色電視牆以及收納櫃體，對應出灰色沙發以期淺色木地板的柔和調性，嵌入式的壁燈與天花更形塑出空間的俐落線條，並搭配地面上的灰色柔軟懶骨頭，展現出隨興瀟灑的生活氣息。圖片提供©達譽設計

500／巧用櫃體拉齊空間

格局本身多有畸零空間，沙發後方牆面沿樑下設置櫃體，巧妙拉齊空間線條，視覺變得平整也增加空間收納量。運用具有反射效果的鏡面鋪底，有效延展空間深度。左側再配置開放櫃體，透過相同色系的木作牆面隱藏房門入口，形成完整立面。圖片提供©大雄設計

IDEAL HOME 58
設計師不傳的私房秘技
客廳設計500 暢銷改版

國家圖書館出版品預行編目（CIP）資料

設計師不傳的私房秘技：客廳設計500 暢銷改版 /
漂亮家居編輯部作. -- 二版. -- 臺北市：麥浩斯出版：
家庭傳媒城邦分公司發行, 2018.03

　面；　公分. -- (Ideal home；58)

　ISBN 978-986-408-369-5(平裝)

　1. 客廳　2. 家庭佈置　3. 室內設計

422.55　　　　　　　　　　　　107003098

作者　漂亮家居編輯部
責任編輯　許嘉芬
執行編輯　劉怡萱
文字編輯　黃婉貞、余佩樺、蔡竺玲、張景威、鄭雅分、
　　　　　許嘉芬、劉怡萱、王偲宸、葉千綺、楊宜倩
封面設計　莊佳芳
版型設計　王彥蘋
美術編輯　Cathy Liu

發行人　何飛鵬
總經理　許彩雪
社長　林孟葦
總編輯　張麗寶
副總編輯　楊宜倩
叢書主編　許嘉芬

出版　城邦文化事業股份有限公司 麥浩斯出版
地址　104台北市中山區民生東路二段141號8樓
電話　02-2500-7578
E-mail　cs@myhomelife.com.tw

發行　英屬蓋曼群島商家庭傳媒股份有限公司城邦分公司
地址　104台北市中山區民生東路二段141號2樓
讀者服務專線　02-2500-7397；0800-033-866
讀者服務傳真　02-2578-9337
Email　service@cite.com.tw
訂購專線　0800-020-299（週一至週五上午09：30～12：00；下午13：30～17：00）
劃撥帳號　1983-3516　戶名：英屬蓋曼群島商家庭傳媒股份有限公司城邦分公司

香港發行 城邦（香港）出版集團有限公司
地址　香港灣仔駱克道193號東超商業中心1樓
電話　852-2508-6231
傳真　852-2578-9337
電子信箱　hkcite@biznetvigator.com

馬新發行　城邦〈馬新〉出版集團Cite（M）Sdn.Bhd.（458372U）
地　址　11,Jalan 30D／146, Desa Tasik, Sungai Besi,
57000 Kuala Lumpur, Malaysia.
電話：（603）9056-3833　傳真：（603）9056-2833

總經銷　聯合發行股份有限公司
電話　02- 2917-8022
傳真　02- 2915-6275

製　版　凱林彩印股份有限公司
印　刷　凱林彩印股份有限公司
版　次　2020年11月2版2刷
定　價　新台幣450元